Personalführung

Die 20 wichtigsten Instrumente

Gunnar C. Kunz

C.H.BECK

So nutzen Sie dieses Buch

Die folgenden Elemente erleichtern Ihnen die Orientierung im Buch:

Beispiel

In diesem Buch finden Sie zahlreiche Beispiele, die das Gesagte illustrieren.

! Die Merkkästen enthalten Empfehlungen und hilfreiche Tipps.

Auf den Punkt gebracht

Am Ende jedes Kapitels finden Sie eine kurze Zusammenfassung des behandelten Themas.

Inhalt

Vorwort

Dieses Buch wendet sich an Leser, die sich mit den Anforderungen in einer Führungsaufgabe näher auseinandersetzen möchten. Falls Sie gerade in eine Leitungsfunktion gewechselt sind oder sich als erfahrener Praktiker selbst hinterfragen möchten, könnte dieses Buch für Sie von Interesse sein. Darüber hinaus sind Sie auch angesprochen, wenn Sie darüber nachdenken möchten, was Führung im Einzelnen bedeutet und welche Tätigkeitsmerkmale mit der Leitungsfunktion gekoppelt sind.

Ich werde dazu den Blick auf das konkrete Tun richten – also darauf, was zu beachten ist, wenn Mitarbeiter geführt werden, und auf welche Verhaltensweisen es vor allem ankommt. Dabei unterstelle ich, dass Sie mit den Abläufen und Strukturen in einem Unternehmen vertraut sind. Der Begriff „Unternehmen" wird dabei in einem breiteren Sinne verwendet – es kann sich auch um eine Non-Profit-Organisation handeln, die nicht unmittelbar Gewinnerzielungsabsichten verfolgt, in der es aber dennoch in hohem Maße auf wirtschaftliches Handeln ankommt.

Führung bezieht sich hier auf eine Vorgesetztenrolle. Es werden aber auch Führungsaufgaben angesprochen, die für Sie von Bedeutung sein können, sofern Sie selbst keine explizite Personalverantwortung besitzen. Insofern können Sie auch als informeller Team- und Projektleiter, der im strengen Sinne kein Vorgesetzter ist und beispielsweise keine disziplinarischen Aufgaben zu erledigen hat, Anregungen erhalten.

Ich würde mich freuen, wenn Sie in der kritischen Auseinandersetzung mit meinen Thesen, Einschätzungen und Verfahrensvorschlägen Ihren eigenen Standort als Führungskraft präziser bestimmen können.

Gunnar Kunz, 2014

Was bedeutet „Führung"?

Führung ist ein zielorientiertes Geschehen: Die Führungskraft möchte, dass ihre Mitarbeiter anstehende Aufgaben gut erledigen und einen Beitrag dazu leisten, dass die übergeordneten Ziele des Unternehmens und der eigenen Abteilung erreicht werden. Eine gute Führungskraft wird sich deshalb darum bemühen, ihre Mitarbeiter dazu zu motivieren, mit hoher Einsatzbereitschaft und überzeugenden Leistungen an der Erreichung der gemeinsamen Ziele mitzuwirken. Dies setzt voraus, dass sie in einer konstruktiven, einfühlsamen Art und Weise auf die Mitarbeiter Einfluss nimmt, damit die erwünschten Ergebnisse erreicht werden.

Gute Führung ist an Kommunikation gebunden: Die Führungskraft setzt sich mit ihren Mitarbeitern im Dialog auseinander und versucht, unternehmerische Anforderungen und Ziele mit den Bedürfnissen und Interessen der Mitarbeiter in Einklang zu bringen. Dies ist nicht immer leicht, da sich Abweichungen in den Sichtweisen ergeben können. Wenn sich Mitarbeiter optimale Arbeitsbedingungen wünschen, z. B. in Form einer reichhaltigen Arbeitsplatz- und IT-Ausstattung, setzt dies unter Umständen technologische Ressourcen voraus, die nicht ohne Weiteres vollständig verfügbar sind. Insofern hat die Führungskraft wirtschaftliche Anforderungen und firmeninterne Restriktionen zu beachten, was in diesem Beispiel dazu führt, dass sie nicht alle Wünsche und Erwartungen ihrer Mitarbeiter erfüllen kann.

Dennoch wird sich eine einfühlsame Führungskraft darum bemühen, günstige Bedingungen für eine angenehme Zusammenarbeit zu schaffen und sich so weit wie möglich dafür einsetzen, dass die Mitarbeiter ihr Arbeitsumfeld als positiv erleben. Spitzenleistungen sind nur dort möglich, wo Mitarbeiter sich gut aufgehoben fühlen und sich auch in hohem Maße mit ihrem Job und ihrem Arbeitsumfeld identifizieren.

Wenn von effektiver und souveräner Führung die Rede ist, steht folglich nicht nur das Erreichen der betriebswirtschaftlichen Ziele im Vordergrund, sondern gleichermaßen ein hohes Maß an Mitarbeiterzufriedenheit, persönliches Wohlbefinden und Teamgeist. Die Führungskraft ist dafür verantwortlich, dass die Ziele der eigenen Abteilung erreicht werden, und muss dabei auch die Motivation des Einzelnen, den Zusammenhalt im Team und die Entwicklung der Mitarbeiter im Blick behalten.

! Gute Führung heißt, Orientierung zu vermitteln, Perspektiven aufzuzeigen und darauf hinzuwirken, dass eine positive „Teamkultur" entsteht.

„Positive Teamkultur" bedeutet, dass mit- und nicht gegeneinander gearbeitet wird. Dies setzt wiederum voraus, dass sich die Fähigkeiten und Stärken der Mitarbeiter wirkungsvoll ergänzen und alle tatsächlich an einem Strang ziehen.

Führung als Anspruch verinnerlichen

Führung ist insofern als eine Leitvorstellung mit Wertebezug zu verstehen: Eine gute Führungskraft wird sich an ethisch-moralischen Maßstäben orientieren und darauf hinwirken, dass die Mitarbeiter sich ebenfalls an gemeinsam geteilten Werten ausrichten. In einem Unternehmen können dazu beispielsweise Firmenleitlinien, ein unternehmerisches Leitverständnis oder Grundsätze für Führung, Zusammenarbeit und Kundenorientierung als Bezugsrahmen dienen.

Eine glaubhafte Führungskraft wird sich darum bemühen, solche sinnstiftenden Werte vorzuleben und damit die Mitarbeiter dazu inspirieren, von sich aus auf „Grundtugenden" eines konstruktiven Miteinanders zu achten. Solche Wertmaßstäbe lauten beispielsweise

- Berechenbarkeit,
- Zuverlässigkeit,
- Glaubwürdigkeit,
- zwischenmenschliche Sensibilität,
- Kritikfähigkeit,
- Offenheit für neue Erfahrungen oder
- innere Veränderungsbereitschaft.

In den meisten Unternehmen wird darüber hinaus ein hohes Maß an Kundenorientierung und wirtschaftlichem Denken gefordert sein. Alle Mitarbeiter müssen sich darüber im Klaren sein, dass nur die vom Kunden geschätzte und gewürdigte Leistung zum wirtschaftlichen Erfolg führt.

Durch eine integrative und im Team ausgleichende Grundhaltung kann die Führungskraft das harmonische Zusammenspiel der einzelnen Spezialisten und Fachkräfte in besonderem Maße fördern. Dies wird auch als „Coaching-Führungsstil" bezeichnet, da die Führungskraft versucht, sich aktiv auf die Mitarbeiter einzustellen und sie bei der Zielerreichung im fachlichen Umfeld beratend zu begleiten. Etwas anders ausgedrückt: Die Führungskraft nimmt sich vor, ihren Mitarbeitern dabei zu helfen, dass sie gute Bedingungen in ihrem Arbeitsumfeld vorfinden und Unterstützung erhalten, um einen guten Job gemeinsam mit ihren Kolleginnen und Kollegen im Team zu machen.

Führung als Prozess verstehen

Führung ist mehr als nur die Übernahme einer Position, die mit einem bestimmten Verantwortungsfeld und einer vorgegebenen Positionsmacht verbunden ist. Eine Führungskraft muss sich das Vertrauen und die Akzeptanz ihrer Mitarbeiter erst erarbeiten. Reines hierarchisches Denken führt in einer modernen Organisation mit qualifizierten, mündigen und engagierten Mitarbeitern nicht zum Ziel. Kompetente Mitarbeiter erwarten von ihrer Führungskraft, dass diese sie durch ihr Handeln dabei unterstützt, gute Leistungen zu erbringen. Dazu gehört auch, dass eine Führungskraft sich gedanklich in ihre Mitarbeiter hineinversetzt, um deren Bedürfnisse und Erwartungen besser kennenzulernen.

Eine moderne Führungskraft ist weniger ein „Problemlöser" als vielmehr ein Unterstützer und Prozesshelfer, der dazu beiträgt, dass nichts unter den Tisch gekehrt wird und die Mitarbeiter sich bei Abstimmungsbedarf im Team gemeinsam um eine Lösung bemühen. Dies bedeutet nicht, dass die Mitarbeiter aufkommende Probleme immer selbst lösen sollen. Wünschenswert ist jedoch, dass sie sich im Rahmen ihrer Möglichkeiten darum bemühen, eigenständig Mittel und Wege zu finden, um einen Schritt nach vorne zu gehen. Die Führungskraft sollte aber erkennen, wann von ihrer Seite Besprechungs- und Handlungsbedarf besteht und wie sie ihre Mitarbeiter bei der Problemlösung unterstützen kann.

Zwar wird von einem kompetenten Vorgesetzten erwartet, dass er die Richtung aufzeigt und zügig entscheidet. Dies darf aber nicht dazu führen, dass er penible Vorgaben macht, wie Mitarbeiter bestimmte fachliche Probleme anzugehen haben. Ansonsten werden die Mitarbeiter eher abhängig gemacht und neigen dazu, grundsätzlich ihren Chef zu fragen, was er (oder sie) meint. Manche trauen sich vielleicht gar nicht mehr, einen eigenen Weg zu suchen, da sie sowieso damit rechnen, dass ihr Vorgesetzter ihnen genaue Anweisungen gibt, was wann wie zu machen ist – mit dem Ergebnis einer allgemeinen Risikoscheu und Passivität.

Führung als Bestandteil der Unternehmenskultur interpretieren

Führung lässt sich nicht unabhängig vom jeweiligen Unternehmensumfeld betrachten. Zwar gibt es Prinzipien der Mitarbeiterführung, die in jeder Firma zum Tragen kommen – etwa der hohe Stellenwert der Orientierung an

Strategie und Zielen, die wirksame Delegation, das Fördern von Eigenverantwortung und interdisziplinärer Zusammenarbeit oder das Geben von Rückmeldungen zu erbrachten Leistungen. Wer gut führen will, muss aber auch die jeweiligen Spielregeln im Unternehmen und die Formen des Umgangs miteinander im Auge behalten. Darin unterschieden sich einzelne Unternehmen meist voneinander.

Mit „Unternehmenskultur" sind vor allem die Formen des Umgangs miteinander gemeint. Diese basieren wiederum auf den Werte- und Überzeugungssystemen der handelnden Personen, z. B. was als Voraussetzung für den Geschäftserfolg, gute Leistungen oder einen effektiven Kundenservice angesehen wird. Die Unternehmenskultur ist für einen neutralen Beobachter von außen nicht ohne Weiteres zu erkennen. Sie lässt sich auch nicht unmittelbar aus schriftlichen betrieblichen Regelungen ableiten. Durch den Begriff „Kultur" wird unterstellt, dass es sich um eine wertegeprägte, geordnete und im Laufe der Zeit gereifte Form der internen Kommunikation und Kooperation handelt.

In der Unternehmenskultur verankert sind z. B. folgende Aspekte:

- Wie direkt wird im Hause miteinander gesprochen – auch über Hierarchie- und Abteilungsgrenzen hinweg?
- Wie offen, vertrauensvoll, wertschätzend und zuvorkommend wird miteinander umgegangen?
- In welchem Maße gibt es ein gemeinsames Verständnis, wie im Unternehmen geführt und kommuniziert wird? Wird dies auch tatsächlich gelebt?

- Wie wird mit Fehlern umgegangen? Müssen Mitarbeiter Angst davor haben, dass Sanktionen und unliebsame Konsequenzen eintreten?
- Wie stark ist die Identifikation der Mitarbeiter mit ihrem Unternehmen und ihren Aufgaben? Spielt die Mitarbeiterzufriedenheit eine große Rolle?
- Wird streng gemäß Hierarchien und Berichtswegen kommuniziert – oder gibt es Spielräume, um auch über Hierarchiegrenzen hinweg direkt zu kommunizieren?
- Gibt es eine aktive Personalentwicklung im Hause? Werden Mitarbeiter gefördert, unterstützt und auch von innen heraus befördert, wenn vakante Schlüsselpositionen zu besetzen sind?

Ein guter Vorgesetzter wird sich darum bemühen, einen eigenen Beitrag zur Gestaltung einer positiven Unternehmenskultur zu leisten und sich selbst dabei kritisch hinterfragen. Dazu gehört beispielsweise, den Teamgeist zu fördern, sich um die Qualifizierung der eigenen Mitarbeiter zu kümmern, ein hohes Qualitätsbewusstsein in der eigenen Abteilung aufzubauen und kontinuierliche Verbesserungen im Kundeninteresse zu fördern.

Auf den Punkt gebracht

Richten Sie Ihr Führungsverhalten auf die Unternehmenskultur und die Ziele in Ihrem Verantwortungsbereich aus. Behalten Sie sowohl die unternehmerischen Anforderungen als auch die Interessen Ihrer Mitarbeiter im Blick. Als Führungskraft werden Sie an den erreichten Ergebnissen gemessen.

Welchen Sinn haben Führungsinstrumente?

Stellenwert von Führungsinstrumenten

Sicher haben Sie schon einmal darüber nachgedacht, welche Führungsinstrumente Sie für zweckmäßigen halten bzw. welches „Handwerkszeug" eine gute Führungskraft einsetzen sollte.

Hinter dieser Frage steht bei vielen Führungskräften der Anspruch, das eigene Handeln in verschiedenartigen Führungssituationen optimal zu gestalten, fortlaufend zu verfeinern und einen vertrauensbildenden und zugleich souveränen eigenen Führungsstil zu praktizieren. Der Einsatz verschiedenartiger zeitgemäßer Führungsinstrumente dient dazu, je nach Situation, Mitarbeitervoraussetzungen und Unternehmensumfeld angemessen zu handeln.

Führungsinstrumente sind jedoch nur ein Hilfsmittel, um auf der zwischenmenschlichen Ebene einen angenehmen Kontakt zu allen Mitarbeitern und möglichst spannungsfreie Beziehungen im Team aufzubauen. Insofern ist eine hohe soziale Kompetenz des Vorgesetzten eine Voraussetzung dafür, dass Führungsinstrumente überhaupt nutzbringend angewendet werden können. Wer nur mechanisch bestimmte Techniken einsetzt, wird kaum ein vertieftes Vertrauensverhältnis zu seinen Teammitgliedern aufbauen können. Häufig ist auch die positive eigene Grundhaltung, die gezeigte Wertschätzung gegenüber allen Teammitgliedern und die Glaubwürdigkeit des eigenen Handelns eine Voraussetzung dafür, dass Mitarbeiter eine Führungskraft überhaupt akzeptieren und ein positives Vertrauensverhältnis aufgebaut werden kann. Dazu gehört vorrangig beispielhaftes eigenes Handeln, an dem sich die Mitarbeiter orientieren können.

Führungsinstrumente sind nur ein Hilfsmittel. Um sie nutzbringend einsetzen zu können, muss eine Führungskraft über soziale Kompetenz verfügen.

Einzelne Führungsinstrumente für sich genommen entfalten zur Steuerung von Teamprozessen oder zur gezielten Mitarbeiterentwicklung nur eine begrenzte Wirkung. Es kommt auch darauf an, wie die jeweiligen Führungsinstrumente in den eigenen Führungsstil insgesamt integriert werden. Der Einsatz solcher Instrumente ist zu vergleichen mit der Arbeit eines Dirigenten im Bereich der Orchestermusik: Sowohl die verschiedenen Musiker als auch die einzelnen Instrumente müssen zu einem harmonischen Ganzen zusammengeführt werden.

Was bedeutet das für Sie?

Bisher habe ich von den Anforderungen an eine Führungskraft und an gute Führung gesprochen. Ich möchte Sie nun als Leser persönlich ansprechen, da ich davon ausgehe, dass Sie bereits über ein persönliches Führungsverständnis verfügen und nach „Stellschrauben" suchen, um bei der Ausübung Ihrer Führungsverantwortung noch besser zu werden. Wenn ich den Blick im Folgenden näher auf einzelne Führungsinstrumente lenke, geht es vor allem darum,

Ihnen neue Anregungen zu geben, die Ihnen in unterschiedlichen herausfordernden Situationen weiterhelfen.

Führungsinstrumente sollen nicht abstrakt und lehrbuchartig dargestellt werden, sondern vielmehr bezogen auf einzelne Beispiele in Ihrer Führungspraxis: Wie gestalten Sie schwierige Mitarbeitergespräche? Wie lässt sich der Zusammenhalt im Team fördern? Wie können aufkeimende Konflikte bereinigt werden? Wie werben Sie dafür, dass ehrgeizige Ziele ernsthaft verfolgt werden? Wie ist mit Widerständen und Blockaden umzugehen? Wie können Sie an sich selbst arbeiten, um noch mehr Souveränität, persönliche Wirkung und innere Ausgeglichenheit zu erreichen?

Im Mittelpunkt steht das Ziel, Anwendungsmöglichkeiten im herausfordernden Führungsalltag näher zu charakterisieren. Es handelt sich im strengen Sinne auch nicht um exakt definierte und abgrenzbare Instrumente, wie man sie aus dem technischen Bereich kennt. Vielmehr kennzeichnen Führungsinstrumente „weiche" Handlungsaspekte, die sich vor allem im Bereich des Mitarbeiterdialogs, der Strukturierung von Beziehungen zu Mitarbeitern, der Steuerung von Teams oder auch des eigenen Selbstmanagements ansiedeln lassen.

Führung ist

a) immer einzigartig geprägt durch die individuelle Führungskraft,

b) auf die Personen und Persönlichkeiten der jeweiligen Mitarbeiter abzustimmen sowie

c) als Prozessgeschehen im zeitlichen Fluss differenziert zu gestalten.

Nur in ihrer Ganzheitlichkeit, durch die ausgewogene innere Abstimmung der einzelnen Verhaltensbestandteile kann Führung in dem jeweils spezifischen unternehmenskulturellen Umfeld gut gelingen und zur Zielerreichung beitragen. Wenn Sie als Führungskraft erfolgreich sein wollen, müssen Sie dementsprechend mehr tun, als „nur" einzelne Führungsinstrumente anwenden: Versuchen Sie, in Ihrem gesamten Auftreten zu überzeugen und Ihre Mitarbeiter durch einfühlsame, respektvolle und achtsame Führung für sich zu gewinnen.

Der sinnvolle Einsatz von Führungsinstrumenten

Wenn ich im Folgenden einzelne Führungsinstrumente näher beleuchte, möchte ich Ihnen verdeutlichen, was diese jeweils auszeichnet und was durch deren Einsatz in der Führungspraxis erreicht werden soll. Ich treffe bewusst eine Auswahl, die zweifelsohne subjektiv geprägt ist. Ich hoffe, Ihnen den Nutzen und den Anwendungsbereich einzelner Führungsinstrumente nachvollziehbar beschreiben zu können. Ergänzend gebe ich Ihnen Hinweise und Empfehlungen, worauf Sie bei der Umsetzung achten sollten, damit die erfolgreiche Handhabung gelingt. Ich möchte auch sichtbar machen, welche Schwierigkeiten in der Anwendung bestehen und welche Fallstricke auf Sie lauern können. An kleinen Beispielen wird verdeutlicht, wie das jeweilige Führungsinstrument in einzelnen Situationen angewendet werden kann.

Bitte verstehen Sie den Begriff „Führungsinstrument" nicht zu technisch. Im Mittelpunkt steht die Frage, wie Sie mit herausfordernden Führungssituationen so umgehen, dass Sie sowohl die Ziele Ihres Unternehmens und ihre eigenen Intentionen als auch die Bedürfnisse Ihrer Mitarbeiter so gut wie möglich in Einklang bringen. Effektives Führungsverhalten bildet letztlich eine innere Einheit, ist Ausdruck Ihrer persönlichen Führungsauffassung und kann deshalb nicht vollständig in einzelne Elemente zerlegt werden. Die Summe ist in diesem Falle auch mehr als die Addition der einzelnen Teile: Es würde zu kurz greifen, wenn Sie einzelne Führungsinstrumente als isolierte Werkzeuge verstehen, die es lediglich zu kombinieren gilt.

Gute Führung lässt sich darüber hinaus nicht beliebig von Dritten kopieren, etwa dadurch, dass Sie etwas genauso machen wie ein anderer Vorgesetzter, der seine Sache anscheinend gut beherrscht.

Zielorientierte und mitarbeitergerechte Führung ist immer auf die handelnden Personen, die jeweilige Situation und das unternehmensinterne Umfeld zu beziehen. Gleichermaßen spielen Ihre spezifische Verantwortung in Ihrer Leitungsrolle, die fachlichen Aufgabenstellungen in Ihrem Zuständigkeitsbereich und die jeweiligen Schnittstellen zu Nachbarbereichen, angrenzenden Prozessstufen oder Kunden und Lieferanten eine große Rolle. Führung kann deshalb immer auch nur annähernd durch das jeweils eingesetzte Instrumentarium beschrieben werden. Trotzdem ist Führung keine Geheimwissenschaft!

> Gute Führungskräfte sind in der Lage, sich auf unterschiedliche Mitarbeiter, Teams und Situationen intelligent einzustellen. Ihre Führungskompetenz ist das Ergebnis von ausdauerndem Erfahrungslernen, einer persönlichen Reifeentwicklung, einem handlungsleitenden Werteverständnis und einem hohen Maß an Weitsicht, Menschenkenntnis und Durchsetzungsvermögen. Führungsinstrumente sind dabei bildhaft gesprochen so etwas wie das Salz in der Suppe: Sie erleichtern es, Führung flexibel, situationsangemessen und mitarbeiterorientiert zu praktizieren.

Aus Unternehmenssicht kann die systematische Anwendung von Führungsinstrumenten als Chance verstanden werden, einen hohen Standard an Führungsqualität zu erreichen. Gemeint ist damit, dass alle Führungskräfte eines Hauses bestimmte Instrumente verbindlich einsetzen und sich zugleich darum bemühen, die Mitarbeiter fair, nachvollziehbar und einfühlsam zu behandeln. Dadurch, dass Führungsinstrumente in allen Bereichen und Abteilungen von den Führungskräften des Hauses vergleichbar angewendet werden, wird zugleich die Unternehmenskultur weiterentwickelt: Die Mitarbeiter können sich darauf verlassen, dass sich ihre Vorgesetzten auf einen gemeinsamen Führungskanon verständigt haben und sich zur gewissenhaften Umsetzung verpflichten.

Der Einsatz einzelner Führungsinstrumente erfolgt nach strukturierten Prinzipien, beispielsweise gemäß betrieblichen Leitlinien für Führung und Zusammenarbeit und einem Qualifizierungskonzept für die Anwender. Dies ermöglicht, dass alle Leitungsverantwortlichen einzelne Führungsinstrumente nach bestimmten Kriterien einsetzen und in der Anwendung geschult werden. Von der einzelnen Führungskraft wird erwartet, dass sie engagiert mitwirkt, um durch ein professionelles Vorgehen die unternehmerischen Ziele mit den Erwartungen der Mitarbeiter möglichst weitgehend in Einklang zu bringen.

Das Praktizieren guter Führung steht sowohl im Interesse des Unternehmens insgesamt als auch in dem der einzelnen Mitarbeiter, Teams und Abteilungen. Dabei trägt die Führungskraft eine hohe Verantwortung, Mitarbeiter gemäß ihren Stärken einzusetzen, sie zu fördern und sie vor möglichen Überforderungen zu schützen. Gleichermaßen muss jede Führungskraft auch ihre eigene innere Balance im Blick behalten und in dieser Hinsicht mit gutem Beispiel vorangehen.

Auf den Punkt gebracht

Setzen Sie Führungsinstrumente situations- und mitarbeitergerecht ein. Hinterfragen Sie die Sinnhaftigkeit Ihres eigenen Verhaltens aus dem Blickwinkel Ihrer Führungsverantwortung. Motivieren Sie Ihre Mitarbeiter durch glaubwürdiges eigenes Handeln und gewinnen Sie Ihr Team für die engagierte Verfolgung der gemeinsamen Ziele.

Führungsinstrumente im Einzelnen

1. Wertegeleitetes Führungsverständnis vorleben

Als Führungskraft stehen Sie selbst im Blickpunkt: Ihre Mitarbeiter, aber auch Ihre eigenen Vorgesetzten, Kollegen und Kunden werden Sie und Ihr Verhalten in verschiedenen Situationen genau beobachten. Wenn Sie Vertrauen aufbauen wollen, kommt es in erster Linie auf Ihr eigenes Handeln an. Sie werden auch danach beurteilt, wie glaubwürdig Sie wirken und ob Sie selbst mit gutem Beispiel vorangehen. Die Amerikaner sagen: „walk the talk". Damit ist gemeint, dass Sie nicht nur in Worten überzeugend wirken, sondern das Gemeinte selbst im Alltag tatsächlich praktizieren.

> Lassen Sie Ihren Worten immer auch Taten folgen und gehen Sie mit gutem Beispiel voran. **!**

Insofern wird ein hoher Anspruch an Sie gerichtet: Einerseits erwarten Ihre Mitarbeiter, dass Sie Orientierung vermitteln und Richtung aufzeigen, andererseits sind Sie selbst derjenige, von dem man sich wünscht, dass er vorbildlich handelt. Sie können nicht umhin, sich an den Maßstäben messen zu lassen, die Sie selbst an Ihre Mitarbeiter anlegen. Dabei geht es weniger darum, was Sie fachlich leisten können, sondern vielmehr um die Frage, ob Ihre Einstellungen, Ansprüche und moralischen Wertmaßstäbe mit Ihrem eigenen Tun in Einklang stehen.

Falls der Eindruck entsteht, dass Sie taktierend agieren, sich wie ein Fähnchen nach dem Wind drehen oder geäußerte Auffassungen im Laufe der Zeit wieder ändern, verlieren Sie rasch an Souveränität. Sie können nichts von Ihren Mitarbeitern einfordern, das Sie selbst nur bruchstückhaft in Ihrem eigenen Verhalten vorleben. Denken Sie an Grundtugenden wie Zuverlässigkeit, Berechenbarkeit, Einsatzbereitschaft, Verschwiegenheit oder die Bereitschaft, auch gelegentlich mehr als das Geforderte zu leisten. Ein Beispiel wäre, dass Sie von Ihren Mitarbeitern in angespannten betrieblichen Situationen das Ableisten von Überstunden erwarten, aber selbst nicht dazu bereit sind, mit anzupacken.

Wenn Sie sich freundliches, zuvorkommendes und kundenorientiertes Verhalten wünschen, kommt es auch darauf an, dass Sie selbst demonstrieren, wie dies gemeint ist. Ihr Auftreten im persönlichen Kontakt, Ihre Wirkung nach außen und Ihr Handeln in zwischenmenschlich herausfordernden Situationen im betrieblichen Alltag werden deshalb kritisch geprüft: Sind Sie selbst glaubhaft im Hinblick auf einzelne Verhaltenspostulate, die Sie aufgestellt haben?

Empfehlungen

- Überdenken Sie, welche Normen, Ansprüche und Leitvorstellungen Sie an sich und an Ihre Mitarbeiter richten. Hinterfragen Sie Ihr persönliches Führungsverständnis.

- Versuchen Sie herauszuarbeiten, worauf es Ihnen im Umgang miteinander ankommt, und besprechen Sie dies mit Ihren Mitarbeitern.
- Nutzen Sie Teamsitzungen, um sichtbar zu machen, was Ihre internen oder externen Kunden von Ihnen und Ihrem Team erwarten.
- Erstellen Sie einen Verhaltenskodex, der als Orientierungsrahmen für die Kommunikation und Zusammenarbeit in Ihrem Verantwortungsbereich dient.
- Prüfen Sie, ob wesentliche Verhaltensanforderungen schriftlich formuliert werden können. Beispiel: Verhalten im persönlichen Kundengespräch, Umgang mit Reklamationen, Telefonverhalten zur Steigerung der Kundenzufriedenheit.
- Suchen Sie zeitnah das persönliche Gespräch, wenn Sie den Eindruck haben, dass Einzelne sich nicht an vereinbarte Prinzipien halten. Sensibilisieren Sie für praktische Verbesserungsmöglichkeiten, ohne vorwurfsvoll zu wirken.
- Stellen Sie sich selbst der Bewertung durch Ihre Mitarbeiter: Lassen Sie sich Rückmeldungen geben, wie Ihr Führungsstil erlebt wird. Wenn das Vertrauensverhältnis stimmt, werden Sie wichtige Hinweise erhalten.

Mögliche Barrieren und Widerstände

Es klingt einfach, scheinbar selbstverständliche Grundtugenden und Verhaltensprinzipien im Umgang miteinander selbst umzusetzen und dadurch für das eigene Team beispielgebend zu wirken. Bedenken Sie aber, dass Sie in vielfältigen betrieblichen Alltagssituationen erlebt werden und es dabei auch hektisch und turbulent zugehen kann. Wenn Sie selbst angespannt sind, unter Zeitdruck stehen oder in Konflikte verwickelt werden, kann es durchaus passieren, dass Sie nicht immer so souverän handeln, wie Sie es sich selbst vornehmen.

! Stellen Sie keine überzogenen Verhaltensanforderungen auf. Wenn Sie als „Moralapostel" und Pedant wahrgenommen werden, hilft Ihnen dies nicht weiter.

Lassen Sie auch mal „fünfe gerade sein" und bestehen Sie nicht auf einer akribischen, unreflektierten Umsetzung von Arbeitsanweisungen – gerade dann, wenn in turbulenten Situationen gelegentlich eine hohe Verhaltensflexibilität gefordert ist. Es gibt Ermessensspielräume und manchmal müssen Ihre Mitarbeiter aus situativem Druck heraus Entscheidungen treffen, die sich vielleicht im Nachhinein als nicht optimal herausstellen. Wenn beispielsweise mit hoher Einsatzbereitschaft bei knappen Terminhorizonten gearbeitet wird, können auch unbeabsichtigte Fehler passieren. Das sollten Sie nicht überbewerten, sondern eher Wert darauf legen, dass Risiko- und Entscheidungsfreude, Eigeninitiative und verantwortungsbewusstes Handeln gefördert werden.

Beispiele aus der Praxis

Sie setzen sich gedanklich mit Ihrem eigenen Verständnis von Führung auseinander. Dazu fragen Sie sich, wie Sie

Ihre persönlichen Leitvorstellungen in der Praxis umsetzen können.

Entscheidungen mit Mitarbeitern treffen

Ihnen kommt es darauf an, Mitarbeiter in Entscheidungen einzubeziehen und deren Sichtweise soweit wie möglich bei der Entscheidungsfindung zu berücksichtigen.

Sie können eine anstehende Teambesprechung dazu nutzen, um Ihr Führungsverständnis zu erläutern und gemeinsam mit Ihren Mitarbeitern zu erörtern, wie anstehende Planungen, Aktivitäten und Entscheidungen zweckmäßig vorbereitet werden können.

Angenehme Arbeitsatmosphäre schaffen

Sie möchten das Vertrauensverhältnis zu allen Mitarbeitern vertiefen, die Mitarbeitermotivation fördern und die Grundlagen für eine konstruktive Zusammenarbeit festigen.

Hier empfiehlt es sich, mit allen Teammitgliedern vertrauliche Mitarbeitergespräche von ca. 60–90 Minuten zu führen, in denen Sie über die Arbeitszufriedenheit, die Aufgabenschwerpunkte und die wechselseitigen Wünsche und Erwartungen reden. Dabei bitten Sie auch um Anregungen zu Ihrer eigenen Person. Beispielfrage: „Und was erwarten Sie von mir als Führungskraft?"

Feedback zu Ihrem Führungsverhalten einholen

Sie wünschen sich ehrliche Rückmeldungen zu Ihrem eigenen Führungsstil.

Befragen Sie von Zeit zu Zeit Ihre Mitarbeiter, wie Ihr Führungsverhalten erlebt wird – sowohl in persönlichen Gesprächen als auch in Teamsitzungen. Hinweis: Dies setzt ein gutes Vertrauensverhältnis voraus. Setzen Sie Ihre Mitarbeiter keinesfalls unter Druck, falls diese sich nicht spontan hierzu äußern. Sie können z. B. vorsichtig fragen: „Was wünschen Sie sich anders? Was könnte ich selbst als Teamleiter noch verbessern?"

Auf den Punkt gebracht

Wirken Sie darauf hin, dass sämtliches Handeln nach wirtschaftlichen Maßstäben und auf die Interessen der Kunden ausgerichtet wird. Verdeutlichen Sie, dass gute Leistungen anerkannt werden. Beachten Sie, dass eine hohe Mitarbeiterzufriedenheit und übergreifendes Teamdenken eine Voraussetzung für stetige Kundenzufriedenheit sind.

2. Orientierung vermitteln

Als Führungskraft sind Sie „Botschafter", um übergeordnete Strategien und Ziele zu kommunizieren und diese Ihren Mitarbeitern verständlich zu machen. Sie sind selbst in die Hierarchie des Unternehmens eingebunden und tragen Verantwortung dafür, dass Vorgaben und Entscheidungen der Geschäftsleitung bzw. vorgelagerter Führungsebenen konsequent umgesetzt werden. Bis zu einem gewissen Grad haben Sie dabei selbst Gestaltungsspielräume – etwa wenn es um die Frage geht, wie bestimmte Ziele, die aus der Firmenstrategie oder den Planungen der Geschäftsleitung abgeleitet werden, von Ihnen in Ihrem Zuständigkeitsbereich umgesetzt werden. Sie können dabei auch Ihre eigenen Vorgesetzten auf mögliche Schwierigkeiten bei der Umsetzung hinweisen. Meistens haben Sie jedoch den Auftrag, dafür Sorge zu tragen, dass die Ziele der Führungsspitze tatsächlich erreicht werden.

Ziele der Führungsspitze

Denken Sie beispielsweise an betriebswirtschaftliche Ziele, die an Deckungsbeiträge, Budgets und Kosteneinsparungen gebunden sind, oder an ehrgeizige kundenorientierte Ziele, die vertriebliche und marketingbezogene Maßnahmen in den kundennahen Bereichen erfordern. Die übergreifenden Ziele können sich auch auf angestrebte Prozessoptimierungen beziehen, bei denen beispielsweise Abläufe vereinfacht oder IT-Systeme weiterentwickelt werden sollen. Ein weiterer Zielbereich bezieht sich auf das Personalmanagement, die Organisationsentwicklung oder die Mitarbeiterqualifizierung.

Von Ihnen wird erwartet, dass Sie gemeinsam mit Ihrem Team einen konstruktiven Beitrag leisten, damit die reibungslose Umsetzung gelingt. Wie Sie das im Einzelnen machen, bleibt wahrscheinlich weitgehend Ihnen selbst überlassen. Insofern können Sie unterschiedliche Wege beschreiten oder gemäß Ihren eigenen Präferenzen Schwerpunkte setzen. Ihre Leistung als Führungskraft wird aber in hohem Maße danach bewertet, ob Sie die Ziele erreichen, und zwar möglichst effektiv und effizient. Gemeint ist damit: Sowohl das Ergebnis muss stimmen als auch der Einsatz der Ressourcen sollte sparsam, zweckentsprechend und zielkonform ausgestaltet werden.

Empfehlungen

- Informieren Sie Ihre Mitarbeiter frühzeitig über neue Strategien und übergeordnete Ziele, die für Sie und Ihr Team von Bedeutung sind. Nehmen Sie sich dazu die Zeit, alle Mitarbeiter einzubinden, um zu vermeiden, dass sich Einzelne ausgeschlossen fühlen.
- Übersetzen Sie die Vorgaben der Geschäftsleitung oder vorgelagerter Führungsebenen in anschauliche, auch für Ihre Mitarbeiter verständliche Zielformulierungen. Arbeiten Sie die wesentlichen Eckpunkte heraus, die maßgeblich für die von Ihrem Team erwarteten Leistungsbeiträge sind.
- Falls Sie erwarten, dass Ihre Mitarbeiter bei einzelnen Zielen Vorbehalte haben könnten, bereiten Sie sich frühzeitig auf kritische Fragen vor. Lassen Sie erkennen, warum Sie selbst die Zielerreichung als sinnvoll erachten.
- Stellen Sie sich darauf ein, dass einzelne Mitarbeiter die gesetzten Prioritäten kritisch hinterfragen. Leisten Sie in diesem Fall Überzeugungsarbeit, gehen Sie aber auch auf berechtigte Vorbehalte ein.
- Stimmen Sie die Ziele für Ihr Team und die Aufgaben der einzelnen Mitarbeiter so aufeinander ab, dass die Zielerreichung für Ihre Organisationseinheit sichergestellt wird.

Mögliche Barrieren und Widerstände

Wenn Sie gegenüber Ihrem Team und einzelnen Mitarbeitern verdeutlichen, welche geschäftspolitischen Ziele, übergeordneten Prioritäten oder Zielvorgaben für Ihren Verantwortungsbereich maßgebend sind, kann sich dies als eine herausfordernde „Übersetzungsarbeit" erweisen: Für einen Mitarbeiter in einem operativen Team, einer Serviceeinheit, einer Geschäftsstelle oder einem Stabsbereich ist nicht unmittelbar verständlich, warum bestimmte Zielgrößen in vorgelagerten Führungsebenen entwickelt wurden. Dies ergibt sich daraus, dass strategische und betriebswirtschaftliche Planungen meist in einem engen Kreis gemeinsam mit der Geschäftsleitung konzipiert werden.

Es können sich dementsprechend bei solchen Mitarbeitern, die nicht in die Erarbeitung der strategischen Ziele eingebunden waren, vielfältige Vorbehalte und Bedenken ergeben. Typische Reaktionen sind:

- Weshalb wurden solche hochgesteckten Ziele formuliert (z. B. zu Deckungsbeiträgen, Projektterminen, Controlling-Zielgrößen, Vertriebszielen)?
- Wieso sind die Budgets so knapp bemessen?
- Weshalb müssen Kosten gesenkt werden?
- Wieso formuliert die Geschäftsleitung solche ehrgeizigen Ziele, ohne dass sie unser Tagesgeschäft kennt?

Sofern Sie feststellen, dass Ihre Mitarbeiter von einzelnen Zielvorgaben partout nicht überzeugt sind, gibt es für Sie zwei Wege:

1. Sie werben dafür, die Zielvorgaben zunächst einmal zu akzeptieren und sich darum zu bemühen, schrittweise an die Zielerreichung heranzugehen. Vielleicht finden sich während der Realisierungsphase auch neue kreative Ansätze, um die Zielerreichung sicherzustellen. Motivieren Sie Ihre Mitarbeiter dazu, es zumindest zu versuchen!
2. Sie halten nochmals Rücksprache mit Ihren Vorgesetzten und erläutern dabei die geäußerten Vorbehalte Ihrer Mitarbeiter.

Dieser zweite Weg ist in vielen Unternehmen nur bedingt Erfolg versprechend. Sie müssen schon sehr gute Argumente liefern, warum übergeordnete Ziele abgeschwächt oder umformuliert werden sollen. Im Zweifelsfall wird man Sie als schwache Führungskraft einstufen, der es nicht gelingt, die Ziele der Geschäftsleitung klar zu kommunizieren und deren Erreichung sicherzustellen. Allerdings kann dieser Weg in Einzelfällen durchaus der richtige sein – aber nur, wenn Sie selbst nach reiflicher Erwägung starke Zweifel an der Machbarkeit der Zielerreichung haben und dies mit plausiblen Argumenten belegen können.

> **!** Versprechen Sie Ihren eigenen Vorgesetzten nicht, auf die Erreichung anspruchsvoller Ziele hinzuwirken, wenn Sie selbst begründete Zweifel an der Erreichbarkeit hegen und dies auch gegenüber Ihren Mitarbeiter erkennen lassen.

Beispiele aus der Praxis

Informieren aller Mitarbeiter zum Jahresbeginn

Sie nehmen sich vor, Ihre Mitarbeiter zu Beginn des Geschäftsjahres über die neuen Ziele und Planungen für Ihren Verantwortungsbereich zu informieren.

Sie können hierzu beispielsweise eine Klausurbesprechung in Ihrem Team anberaumen und dabei über neue Zielvorgaben informieren. Gleichzeitig bietet es sich an, in einem Workshop zu erörtern, wie der Beitrag Ihres Teams aussehen kann, um die übergeordneten Ziele zu erreichen.

Informieren der Mitarbeiter nach Zuständigkeit

Sie möchten jeden einzelnen Mitarbeiter im Rahmen seiner Zuständigkeit dafür gewinnen, an der Zielverwirklichung mitzuarbeiten.

Sie führen Einzelgespräche, um das aktuelle Tätigkeitsprofil, die Kernaufgaben und die jeweiligen Zielsetzungen für jeden Mitarbeiter zu überprüfen. Sie erörtern dabei neue Schwerpunktsetzungen, Zuständigkeiten und sinnvolle Förder- und Qualifizierungsmaßnahmen. Sie bitten die jeweiligen Mitarbeiter um eigene Vorschläge.

Auftrag für das Team herausarbeiten

Sie streben an, den Auftrag und die Verantwortlichkeiten in Ihrem eigenen Team deutlicher herauszuarbeiten.

In Workshops, die fokussiert auf die Rolle Ihrer eigenen Organisationseinheit ausgerichtet sind, arbeiten Sie gemeinsam mit Ihrem gesamten Team an folgenden und verwandten Fragen:

- Wie können wir verborgene Leistungspotenziale in unserer Abteilung besser entfalten?
- Wie lässt sich unsere interne Kommunikation und Kooperation verbessern?
- Wie erreichen wir eine engere Abstimmung mit Nachbarabteilungen und angrenzenden Prozessstufen?

Sie entwickeln eine anschauliche, auch für Außenstehende nachzuvollziehende „Team-Mission", die sie offensiv im eigenen Hause und gegenüber Ihren internen Kunden kommunizieren. Prüfen Sie, ob auch externe Kunden, Lieferanten und Geschäftspartner einzubeziehen sind.

Auf den Punkt gebracht

Verdeutlichen Sie kontinuierlich die übergeordneten Ziele Ihres Verantwortungsbereiches. Veranschaulichen Sie Ihrem Team, worauf es jeweils ankommt und welche Bedeutung der Beitrag jedes Einzelnen hat. Wirken Sie darauf hin, dass Ihre Mitarbeiter die Erfolgskriterien ihrer Arbeit erkennen und dabei die Erwartungen der Kunden im Auge behalten.

3. Den Informationsfluss steuern und vorbildlich kommunizieren

Gezielt Informationen weiterzugeben und den Informationsaustausch als Führungskraft zu steuern, ist ein zentrales Führungsinstrument. Ohne einen systematischen Informationsfluss in Ihrem Verantwortungsbereich werden Ihre Mitarbeiter nicht kompetent handeln können.

Unter dem Blickwinkel der Mitarbeiterzufriedenheit ist der Aspekt der Informationssteuerung durch Sie als Führungskraft ebenfalls von großer Bedeutung. Falls Ihre Mitarbeiter sich nicht ausreichend informiert fühlen, kann dies zur Folge haben, dass Einzelne glauben, ausgegrenzt zu werden. Unter Umständen wird in Ihrem Team sogar nicht mehr angemessen reagiert, wenn dringender Handlungsbedarf besteht. Fehler, Qualitätsmängel und Terminverzögerungen sind die Folge.

Legen Sie deshalb großen Wert darauf, dass Ihre Mitarbeiter sich gut informiert fühlen. Sie können es nicht dem Zufall oder dem Belieben einzelner Mitarbeiter überlassen, wer welche Informationen wann erhält. Insofern sind Sie als Informationsmanager gefordert.

Stellen Sie den Prozess des Informationsflusses im eigenen Team und auch dessen Vernetzung mit Nachbarbereichen und Schnittstellen nach außen regelmäßig auf den Prüfstand.

Befassen Sie sich beispielsweise mit folgenden Fragen:

- Wer ist für die Weitergabe von Informationen verantwortlich? Was müssen Sie selbst erledigen und was ist intern im Team ohne Ihre unmittelbare Mitwirkung eigenverantwortlich von Ihren Mitarbeitern selbst zu steuern?

- Wie stellen Sie sicher, dass jeder mit den aktuellen Informationen, die er an seinem Arbeitsplatz benötigt, versorgt wird?
- Welche Informationsquellen und -medien sind jeweils zweckmäßig zu nutzen? Wann ist persönlicher Dialog erforderlich, wann sind schriftliche Informationen sinnvoll? In welchem Maße können elektronische Informationsquellen eingesetzt werden?

Ein intelligentes Informationsmanagement erfordert von Ihnen, den Charakter von Informationsquellen zu hinterfragen, die Verantwortlichkeiten für den Informationsfluss zu klären und unmittelbar darauf Einfluss zu nehmen, dass eingehende Informationen zeitnah genutzt werden.

Empfehlungen

- Machen Sie sich darüber Gedanken, wie Informationen in Ihrem Team fließen und wie der Informationsfluss sich derzeit darstellt. Fragen Sie Ihre Mitarbeiter, wie sie den Informationsaustausch erleben. Spüren Sie Schwachstellen auf.
- Können Sie selbst Informationen effektiver weitergeben? Was können Sie beitragen, z. B. durch persönliche Informationsweitergabe und Kommunikation in Teamrunden oder anlassbezogenen Mitarbeitergesprächen?
- Wie kann der von einzelnen Mitarbeitern oftmals erlebten „Informationsüberflutung" entgegengewirkt werden? Was kann getan werden, um beispielsweise die Übermittlung von elektronischen Nachrichten zu optimieren und auch gezielt einzugrenzen?

- Wie können Sie selbst Ihr Team und jeden Einzelnen stärker in die Pflicht nehmen, den Informationsaustausch bewusster zu organisieren? Welchen Beitrag können Spezialisten anderer Abteilungen leisten (IT/Orga, Wissensmanager, Datenschutzbeauftragte etc.)? Sind schriftliche Regularien zur Steuerung des Informationsaustausches zu erarbeiten?

Mögliche Barrieren und Widerstände

Informationen fließen häufig unkontrolliert oder auf Wegen, die sich Ihrer Einflussnahme entziehen. Neben Informationen im engeren Sinne, z. B. Daten, Fakten, Hintergrundinformationen, spielt auch die Gerüchteküche eine große Rolle im Informationsfluss. Oftmals werden Informationen selektiv gestreut, um Einzelne zu beeinflussen. Manche Informationen verbreiten sich auch rasch über Hierarchie- und Abteilungsgrenzen hinweg, ohne dass dies beabsichtigt war. Wenn alle Informationen so zügig fließen würden, wie manche Gerüchte im Hause weitergegeben werden, bräuchte man sich über einen raschen Informationsfluss wahrscheinlich keine Gedanken zu machen.

Wesentlich ist aber gerade, dass Informationen adressatengerecht fließen, inhaltlich tatsächlich zutreffend und verständlich, prägnant, strukturiert und klar gefasst sind. Gerüchte sind das Gegenteil davon: Sie stellen meist Halbinformationen dar, sorgen für Verwirrung oder Verunsicherung und können sogar den eigentlichen Informationsfluss unterwandern und blockieren. Denken Sie beispielsweise an ein Schlüsselprojekt in Ihrem Unternehmen, das einen strategisch hohen Stellenwert besitzt und auch gegen interne Widerstände zum Erfolg geführt werden soll. Wenn nun das Gerücht kursiert, dass dieses Projekt ohnehin zum Scheitern verurteilt sei, werden offizielle Informationen rasch ad absurdum geführt.

Es kann auch der Fall auftreten, dass Ihre Mitarbeiter über Informationen verfügen, die Sie selbst nicht kennen, und dann eingehende Informationen von Ihrer Seite wiederum infrage stellen. Bedenken Sie deshalb, dass der Informationsfluss stets unter dem Vorzeichen von Vertrauen und Glaubwürdigkeit steht.

Beispiele aus der Praxis

Informationsaustausch im Team analysieren

Sie verschaffen sich einen Überblick darüber, wie der Informationsaustausch und die Kommunikation untereinander in Ihrem eigenen Team erlebt werden.

Führen Sie zunächst eine Standortbestimmung gemeinsam mit Ihrem Team durch, indem Sie für eine der nächsten Teambesprechungen den Themenschwerpunkt „Information und Kommunikation im Team" vorschlagen. In der Teamsitzung selbst beginnen Sie zunächst mit der Erörterung von Fachfragen und offenen Punkten aus dem Tagesgeschäft. Wenn die inhaltliche Besprechung abgeschlossen ist, stellen Sie folgende Fragen an Ihr Team:

- Wie wird der Informationsfluss in unserem Team von jedem Einzelnen derzeit erlebt? Was läuft gut? Was wird anders gewünscht?

- Wie schätzen Sie den Informationsaustausch und die Kommunikation mit Nachbarabteilungen ein? Was könnte optimiert werden?
- Wie erleben Sie mich selbst: Welche Anregungen und Wünsche haben Sie, damit ich den Informationsaustausch im Team noch besser unterstützen kann?

Solche offenen Fragen sind als Einstieg gedacht und sollen bewirken, dass in Ihrem Team ein freier Gedankenaustausch zu dem von Ihnen gewählten Themenschwerpunkt erfolgt. Dadurch, dass Sie in der letzten Frage den Blick auch auf sich selbst und Ihr eigenes Informations- und Kommunikationsverhalten lenken, signalisieren Sie Ihren Mitarbeitern, dass Sie an offenen Rückmeldungen interessiert sind. Sie verdeutlichen zugleich, dass Sie den hohen Stellenwert Ihres eigenen Informationsverhaltens erkennen und weiter an sich selbst arbeiten wollen. Vorschläge zu Maßnahmen sollten dokumentiert, im Hinblick auf den Nutzen bewertet und je nach Verantwortlichkeit bzw. Zuständigkeit im Team umgesetzt werden.

Informationsfluss fördern

Sie ergreifen einzelne Initiativen, um den Informationsfluss zu fördern.

Sie informieren künftig in Teamsitzungen stärker über bei Ihnen eingehende Informationen, die für das gesamte Team relevant sind, z. B. durch entsprechende Tagesordnungspunkte zu Beginn. Sie erläutern verstärkt neue Ziele, Vorhaben und Projekte aus anderen Fachbereichen im Hause, um Ihren Mitarbeitern wichtige Hintergrundinformationen aus erster Hand zu vermitteln. Sie nutzen elektronische Medien (Intranet, Datenbanken, soziale Netzwerke), um Informationen dort gezielt abzulegen und intern zugänglich zu machen. Sie gehen auf Mitarbeiter direkt zu, um den spontanen Informationsaustausch zu verbessern.

Auf den Punkt gebracht

Fördern Sie einen direkten und offenen Informationsaustausch. Stärken Sie die Eigeninitiative und Selbstverantwortung Ihrer Mitarbeiter bei der Beschaffung nötiger Informationen – auch über Bereichsgrenzen hinweg. Unterstützen Sie eine hierarchiefreie und direkte Kommunikation im Team. Wirken Sie Informationsblockaden und bürokratischen Umgangsformen entgegen.

4. Ziele und Aufgabenschwerpunkte vereinbaren

Führung beinhaltet, darauf hinzuwirken, dass alle Mitarbeiter zur Umsetzung der übergeordneten Ziele im Unternehmen beitragen. Nur durch eine aufeinander abgestimmte Aufgabenerledigung im Team kann sichergestellt werden, dass die Ziele des eigenen Verantwortungsbereiches gut erreicht werden.

Die Aufgaben der einzelnen Mitarbeiter können beispielsweise durch ein persönliches Tätigkeitsprofil präzisiert werden. Damit ist gemeint, dass für jedes Teammitglied näher geprüft wird, welche anstehenden Kern- und Sonderaufgaben zu erledigen sind. Dazu gehören unter Umständen auch Projekte, an denen für einen befristeten Zeitraum gearbeitet wird. Halten Sie auch Entscheidungskompetenzen und besondere Befugnisse sowie Aufträge fest, die in einem überschaubaren Zeitrahmen eigenverantwortlich oder gemeinsam mit anderen Kollegen im Team zu erledigen sind.

Ergänzend können auch individuell festgelegte Ziele vereinbart werden. Ein Ziel beschreibt dabei einen einmalig anzustrebenden, wünschenswerten Sollzustand, der im günstigen Fall in einem festgelegten Zeitraum erreicht wird.

Ziele sind immer wieder neu zu formulieren und stellen herausgehobene Eckpunkte einer erfolgreichen Aufgabenerledigung dar: Was soll bis wann unter welchen Bedingungen erreicht werden? Während einzelne Aufgaben und Tätigkeiten im Rahmen einer bestimmten Position über einen gewissen Zeitraum weitgehend gleich bleiben können, sind Ziele variabel.

Als Führungskraft werden Sie Aufgaben und Ziele entweder mit einzelnen Mitarbeitern abstimmen oder auch mit mehreren, sofern hierfür z. B. ein Teil des Teams, eine Projektgruppe oder eine Arbeitsgruppe gemeinsam an die Problemlösung herangehen soll. Wie Sie genau vorgehen, bleibt Ihnen überlassen und ist im Einzelfall zu entscheiden. In manchen Situationen wird es sinnvoll sein, ein Tätigkeitsprofil zu präzisieren. In anderen Situationen werden Sie mündliche Absprachen treffen, ohne die jeweiligen Aufgaben und Ziele exakt schriftlich festzulegen. Im Zweifelsfall sind jedoch gemeinsam erarbeitete, schriftlich konkretisierte Festlegungen sinnvoll – auch um sicherzustellen, dass beide Seiten ein gemeinsames Verständnis der angestrebten Leistungen haben.

Wirksame Delegation bedeutet, geeignete Aufgaben gemäß den individuellen Stärken und Fähigkeiten der Mitarbeiter zu übertragen. Dies setzt voraus, dass die Mitarbeiter über die entsprechenden Qualifikationen verfügen, angemessene Entscheidungsbefugnisse besitzen und auch das erwünschte Ergebnis selbstständig und eigenverantwortlich herbeiführen können. Durch eine Zielvereinbarung kann die Delegation unterstützt werden, indem der Mitarbeiter eine Richtschnur erhält, worauf er sich vor allem konzentrieren sollte. Als Leiter können Sie beratend zur Seite stehen und durch begleitende Gespräche das Erreichen von Zwischenzielen oder Meilensteinen fördern. Wünschenswert ist insofern ein kontinuierlicher, unterjähriger Dialogprozess.

Empfehlungen

- Führen Sie mit jedem Mitarbeiter ein Gespräch, um das individuelle Aufgabenspektrum zu überprüfen. Denken Sie darüber nach, ob neue Schwerpunkte gesetzt werden müssen, etwa aufgrund von Veränderungen im Hause.
- Ist es zweckmäßig, mit einzelnen oder allen Mitarbeitern Ziele zu vereinbaren? Worauf sollten sich gegebenenfalls die Ziele beziehen? Gibt es beispielsweise wichtige übergreifende Finanz-, Qualitäts-, Innovations- oder Projektziele, die als Grundlage dienen können?

- Können Aufgaben und Tätigkeitsschwerpunkte im Team gemeinsam erarbeitet und abgestimmt werden? In manchen Fällen ist es sinnvoll, in Teambesprechungen ausgehend von dem Auftrag Ihrer Organisationseinheit und den aktuellen Zielen, die für Sie als Führungskraft maßgebend sind, Aufgabenfelder, Projekte und Zuständigkeiten abzustecken.
- Denken Sie gemeinsam mit Ihren Mitarbeitern darüber nach, welche Voraussetzungen erfüllt sein müssen, damit eine erfolgreiche Aufgabenbearbeitung und Zielerreichung überhaupt gelingen kann. Sind evtl. zusätzliche Maßnahmen im Vorfeld nötig, damit die Mitarbeiter fachlich und methodisch geschult sind?

Mögliche Barrieren und Widerstände

Wenn Sie Ziele vereinbaren und Aufgaben übertragen wollen, setzt dies voraus, dass beide Seiten hierzu einen gemeinsamen Standpunkt erreichen. Ihre Mitarbeiter sollten beispielsweise davon überzeugt sein, dass die anstehenden Aufgaben tatsächlich zu bewältigen sind und sie die jeweiligen Ziele erreichen können.

Achten Sie darauf, dass die Messlatte nicht zu hoch gelegt wird und Sie Ihre Mitarbeiter dadurch demotivieren. !

Wünschenswert ist, dass Ihre Mitarbeiter engagiert an die Aufgabenbearbeitung herangehen und nicht widerwillig mit einer inneren Blockade oder Abwehrhaltung reagieren.

Die Motivation Ihrer Mitarbeiter steigt, wenn der Einzelne eine Aufgabe als sinnvoll erlebt und ein Ziel eine zumutbare Herausforderung darstellt.

Insofern kann der Fall auftreten, dass Mitarbeiter bestimmte Aufgaben zunächst ablehnen oder Ziele im Vorfeld als nicht erreichbar bewerten. In einer solchen Situation ist Überzeugungsarbeit von Ihnen gefordert: Warum sind einzelne Aufgaben zu erledigen? Weshalb ist die Verfolgung eines Ziels für das Unternehmen, für Ihre Abteilung oder für den Kunden wichtig?

Bespiele aus der Praxis

Aufgabenplanung zu Jahresbeginn

Sie planen, zu Beginn des Geschäftsjahres mit allen Mitarbeitern neue Ziele und Aufgabenschwerpunkte zu erörtern.

Nachdem die Geschäftsleitung die neuen strategischen Absichten für das anstehende Geschäftsjahr kommuniziert hat und Sie mit Ihren Vorgesetzten die Ziele für Ihre eigene Organisationseinheit abgesteckt haben, beraumen Sie eine Teamsitzung an. Sie erläutern allen Mitarbeitern, wie sich aufgrund veränderter Umfeldbedingungen und aktueller geschäftspolitischer Planungen die neuen Ziele für Ihre Organisationseinheit darstellen. Dazu verdeutlichen Sie im Einzelnen, welche wirtschaftlichen, kundenbezogenen und prozessorientierten Leistungsbeiträge von Ihnen und Ihrem Team erwartet werden. Sie leiten daraus ab, welche Veränderungen sich im Hinblick auf die Anforderungen in Ihrer Abteilung ergeben.

Ergänzend führen Sie Einzelgespräche mit Ihren Mitarbeitern, um die individuellen Tätigkeitsprofile zu überprüfen und neue Aufgabenschwerpunkte zu vereinbaren.

Coaching

Sie möchten die Aufgabenerledigung, Delegation und Zielerreichung durch Coaching fördern.

Sie vereinbaren mit jedem Mitarbeiter (oder dem jeweiligen Team) ein bis zwei unterjährige Meilensteingespräche, in denen sie sich untereinander über den Stand der Aufgabenerledigung und Zielverfolgung austauschen. Sie bieten hierzu jeweils individuelle Beratung und Begleitung an. Sie weisen darauf hin, dass solche Zwischengespräche auch kurzfristig bei Bedarf anberaumt werden können. In den Zwischengesprächen prüfen Sie durch einen „Ampel-Check-up", welche Maßnahmen zu ergreifen sind:

- „Grün" bedeutet: Alles läuft nach Plan; der Mitarbeiter arbeitet eigenverantwortlich weiter.
- „Gelb" bedeutet: Ergänzende Unterstützung und eventuell eine Kurskorrektur sind erforderlich. Zusätzliche Maßnahmen werden eingeleitet, z. B. weitere Hilfestellung und Qualifizierung.
- „Rot" bedeutet: Es ist unwahrscheinlich, dass das betreffende Ziel noch erreicht werden kann. Die Prioritäten werden neu geordnet. Energien und Ressourcen werden eher für andere Ziele und Aufgaben eingesetzt.

Zum Ende des Geschäftsjahres führen Sie abschließende Bewertungsgespräche mit allen Mitarbeitern durch – sowohl individuell im vertraulichen Gespräch als auch in der Gruppe mit dem gesamten Team.

Auf den Punkt gebracht

Vereinbaren Sie mit jedem Mitarbeiter Ziele oder Aufgabenschwerpunkte. Entwickeln Sie gemeinsam mit Ihren Mitarbeitern auch Teamziele. Überprüfen Sie unterjährig, wie gut die Umsetzung gelingt und wie Stolpersteine ausgeräumt werden können. Halten Sie Ihren Mitarbeitern den Rücken frei, damit sie sich auf die Erledigung ihrer Kernaufgaben konzentrieren können.

5. Arbeitsabläufe koordinieren und Projekte effizient steuern

Als Führungskraft gehört es zu Ihrer Verantwortung, vorausschauend zu denken, Prioritäten zu setzen und einzelne Aufgaben, Aktivitäten und Projekte in einer sinnvollen Reihenfolge anzugehen. Die Realität im Unternehmen stellt sich häufig so dar, dass spontan reagiert werden muss, wenn sich Umfeldbedingungen ändern oder neue Anforderungen an Sie gerichtet werden. Ein Vorgesetzter kommt auf Sie zu und bittet Sie um Ihre Mitwirkung bei einem neuen, Ihnen bisher nicht bekannten Vorhaben. Ein Mitarbeiter spricht Sie an, weil es bei ihm „brennt", und bittet um Ihre Unterstützung. Im Team gibt es Meinungsverschiedenheiten und Sie kümmern sich zeitnah darum, auf eine Entschärfung hinzuwirken.

Einerseits sind Sie gefordert, auf solche unvorhergesehenen Ereignisse flexibel und schnellstmöglich zu reagieren. Andererseits sollten Sie Ihre eigenen mittel- bis längerfristigen Ziele und Interessen nicht aus den Augen verlieren. Letztlich werden Sie danach beurteilt, wie Sie die Fülle der an Sie gestellten Anforderungen im Ganzen bewältigt haben. Wägen Sie folglich ab, sofern neue Anliegen an Sie herangetragen werden: Was hat Vorrang? Was ist tatsächlich wichtig? Was kann zurückgestellt werden und was können andere – insbesondere Ihr Team und einzelne Mitarbeiter – erledigen?

> Selbst wenn einer Ihrer Vorgesetzten auf Sie zukommt und um Ihre Mitwirkung bei einem von Ihnen nicht eingeplanten Projekt bittet: Konzentrieren Sie sich darauf, was Ihr eigentlicher Auftrag ist. Überdenken Sie Ihre Verantwortung und Ihre Ziele.

Zweifelsohne ist es eine Sondersituation, wenn von einer übergeordneten Hierarchiestufe neue Ziele, Aufgaben oder Priorisierungen vorgegeben werden. Ansonsten sind Sie aber selbst derjenige, der einen vorausschauenden Gestaltungsauftrag hat:

- Welche Aufgaben, Aufträge und Projekte werden von wem am zweckmäßigsten übernommen?
- Welche Aufgaben sind am besten von Einzelnen zu bearbeiten und was ist eher im Team, in einer Arbeitsgruppe oder in einem Projekt anzugehen?

- Wie werden vorhandene Ressourcen nach wirtschaftlichen Kriterien genutzt? Welche Schwerpunkte und Prioritäten sind dementsprechend zu setzen?

Empfehlungen

- Das Planen und Organisieren in der Führungsrolle ist nur scheinbar eine rein konzeptionelle Anforderung, bei der einzelne Arbeitsabläufe und Tätigkeiten in Ihrem Team aufeinander abgestimmt werden müssen. Es reicht nicht aus, lediglich Konzepte zu entwerfen. Beziehen Sie Ihre Mitarbeiter so früh wie möglich ein.
- Kümmern Sie sich darum, übergreifende Ziele zu kommunizieren, über gestellte Anforderungen zu informieren und darauf hinzuwirken, dass tatsächlich nach wirtschaftlichen und kundenorientierten Kriterien gearbeitet wird.
- Beachten Sie folgende Fragestellungen bei Ihren planerischen Überlegungen: Wie motivieren Sie Ihre Mitarbeiter für die beherzte Umsetzung? Wie sorgen Sie trotz hoher Beanspruchung für ein gutes Miteinander und eine hohe Arbeitszufriedenheit bei der Planerfüllung?
- Lassen Sie genügend Spielräume für Ihre Teammitglieder in der methodischen Gestaltung der Planverfolgung. Vermeiden Sie es, alles vorzugeben.

Mögliche Barrieren und Widerstände

Vorausschauend zu planen, ist für Sie in der Leitungsrolle zwar wichtig, um die Verfolgung der wesentlichen Ziele

Ihrer Organisationseinheit gemeinsam mit Ihrem Team sicherzustellen. Oftmals erweisen sich aber gut gemeinte Pläne allenfalls als vorläufige Zielprojektionen und grobe Handlungskonzepte, die im Tagesgeschäft kontinuierlich nachjustiert werden müssen.

Aus vielfältigen Gründen können Sie mit Hindernissen konfrontiert werden, wenn Sie Arbeitsabläufe, Aufträge und Projekte im Vorhinein planen und organisieren wollen:

- Die Mitarbeiterkapazitäten sind begrenzt oder Sie werden mit Engpässen konfrontiert, zum Beispiel einem unvorhergesehenen Personalmangel.
- Ihre im Vorfeld angestellten Überlegungen werden durch neue übergreifende Zielsetzungen und Kurskorrekturen infrage gestellt. Die Geschäftsleitung setzt neue Prioritäten; die Märkte, Kundenerwartungen oder Umfeldbedingungen ändern sich.

Schon im Vorfeld lohnt es sich deshalb, einen Plan B zu entwerfen. Lassen Sie sich verschiedene Varianten der Zielverfolgung durch den Kopf gehen. Neben dem „Best-case-Szenario", sozusagen dem Idealfall, gehen Sie am besten von einem plausiblen Fall, dem „probable case" aus, bei dem Sie schon etliche Hindernisse bei der Umsetzung in Betracht ziehen. Analysieren Sie auch das sogenannte „Worst-case-Szenario", bei dem Sie gedanklich einen Notfallplan durchspielen, für den Fall, dass etwas schiefläuft.

Beispiel aus der Praxis

Planänderung

Der Vorstand eröffnet Ihnen ca. drei Monate nach Beginn des Geschäftsjahres, dass aufgrund einer verschärften Wettbewerbssituation die Kosten auch in Ihrem Bereich um mindesten 20 Prozent zu senken sind.

Um die Wirtschaftlichkeit und Kosteneffizienz zu steigern, sind Sie gehalten, unterjährige Zielkorrekturen mit Ihrem Team vorzunehmen. Unweigerlich sind Sie gezwungen, die geplanten Kapazitäten zu kürzen. Sowohl bei einzelnen Schlüsselprojekten als auch bei Routineaufgaben müssen nun konsequent Kostensenkungspotenziale ausgelotet werden. Sie kommen nicht umhin, einzelne Mitarbeiter von einem zentralen Projekt abzuziehen, um ihnen andere, vorrangige Aufgaben zuzuweisen.

Aufgrund dieser verschärften Randbedingungen tritt unerwartet ein Worst-case-Szenario ein. Sie führen dazu eine Teambesprechung durch, in der die neue Situation verdeutlicht und gemeinsam mit allen Mitarbeitern über geeignete Maßnahmen zum Gegensteuern gesprochen wird. Ihre Mitarbeiter reagieren spontan verärgert und greifen Sie persönlich an, da vermutet wird, dass Sie von den Plänen des Vorstandes schon früher gewusst haben.

Sie verdeutlichen, dass auch andere Bereiche im Hause betroffen sind und dass alle einen Beitrag leisten müssen, um die prekäre Lage zu bewältigen. Sie machen Ihren Mitarbeitern klar, dass die langfristige Existenzsicherung des Unternehmens und der Erhalt der Arbeitsplätze an das Erreichen der verschärften Kostenziele gebunden sind.

In Einzelgesprächen überprüfen Sie mit jedem Mitarbeiter die Aufgabenstruktur und die Verantwortlichkeiten in Projekten. Sie bitten um schriftliche Vorschläge zur Kostensenkung, die auch am eigenen Arbeitsplatz umgesetzt werden können.

Sie achten dabei in besonderem Maße darauf, dass einzelne Mitarbeiter nicht durch eine überhöhte Arbeitsbelastung, zu viele Überstunden oder zusätzliche Vertretungserfordernisse überfordert werden. Sie sichern Ihren Mitarbeitern zu, dass unvermeidliche Belastungsspitzen nicht zu einem Dauerzustand werden.

Auf den Punkt gebracht

Suchen Sie gemeinsam mit Ihren Mitarbeitern kontinuierlich nach Verbesserungsmöglichkeiten in den Abläufen in Ihrem Verantwortungsbereich. Konzentrieren Sie sich auf mehr Effizienz und kundenorientierte Innovationen. Unterstützen Sie ein strukturiertes Projektmanagement. Fördern Sie dabei die Eigenverantwortung und das Selbstmanagement Ihrer Mitarbeiter.

6. Mitarbeiter motivieren und für Herausforderungen gewinnen

Eine wichtige Führungsaufgabe besteht darin, Ihr Team zu motivieren, sich für die Erreichung der gemeinsamen Ziele couragiert einzusetzen. Mitarbeiter zu motivieren erfordert von Ihnen, dass Sie Ihrem Team Impulse geben und konsequent für den angestrebten Kurs werben. Aber nur wenn

Sie als Führungskraft Akzeptanz bei Ihren Mitarbeitern genießen, können Sie überhaupt motivierend wirken. Ihr Führungsverhalten kann in zwei verschiedene Richtungen wirken: Im günstigen Fall liefern Sie den Ansporn, eine anspruchsvolle neue Aufgabe mit hoher innerer Beteiligung und ausgeprägter Erfolgszuversicht anzugehen. Unerwünscht ist es demgegenüber, dass die Mitarbeiter sich ablehnend gegenüber den angestrebten Zielen äußern und mit einer inneren Blockade reagieren.

Wenn Sie Ihre Mitarbeiter motivieren wollen, so werden Sie dies nicht gegen deren Willen erreichen. Ein Mitarbeiter, der kein eigenes Interesse an bestimmten Aufgaben zeigt, wird kaum zu motivieren sein. Insofern sind der Fremdmotivierung durch Sie als Führungskraft enge Grenzen gesetzt.

Allerdings ist Motivation ein Prozess, der sich im Laufe der Zeit unterschiedlich gestalten kann. Manche Mitarbeiter sind beispielsweise am Anfang eher weniger an bestimmten Aufgaben interessiert. Durch die vertiefte Auseinandersetzung mit den gestellten Anforderungen kann die Motivation jedoch durchaus stärker werden. Was einen Mitarbeiter motiviert, ist darüber hinaus individuell oft sehr unterschiedlich, je nach seinen Werthaltungen, Überzeugungen, Bedürfnissen und Interessen. Während einige Mitarbeiter nach sinnhaften, zweckvollen und herausfordernden Tätigkeiten suchen, die in besonderem Maße ihre Stärken, Talente und Fähigkeiten zum Tragen bringen, sind andere eher daran interessiert, schnelle Erfolge zu erzielen.

Wieder andere Mitarbeiter legen Wert auf die zu erwartenden Konsequenzen ihres Tuns, beispielsweise die mittel- und längerfristigen Folgen des Erreichens von gesteckten

Zielen. Dabei kann es sich um persönliche Karriereperspektiven handeln, monetäre Anreize oder auch um erweiterte Gestaltungs- und Entscheidungsspielräume in einer verantwortungsvollen Funktion. Wieder andere Mitarbeiter suchen nach Chancen zu flexibleren Arbeitsformen und Arbeitszeiten, nach mehr Freiräumen, Harmonisierung von Beruf, Familie und Privatleben oder auch die Reduzierung von erlebten Belastungen und Stress.

Investieren Sie vor allem in das zwischenmenschliche Vertrauensverhältnis und übertragen Sie ein angemessenes Maß an Eigenverantwortung, um engagierte, qualifizierte und kritische Mitarbeiter zusätzlich zu motivieren.

Empfehlungen

- Suchen Sie das persönliche Gespräch mit jedem Ihrer Mitarbeiter, um mehr darüber zu erfahren, was den Einzelnen innerlich antreibt und unter welchen Bedingungen er gute Leistungen erzielen kann.
- Setzen Sie auf intrinsische Motivation durch attraktive Tätigkeiten, angenehme Arbeitsbedingungen, eigenverantwortliche Aufgabenstrukturen und ein gutes Miteinander im Team.
- Beachten Sie den hohen Stellenwert von Vertrauen, Mitarbeiterzufriedenheit und Unternehmenskultur bei der Mitarbeitermotivation. Anhaltende Motivation setzt voraus, dass Ihre Mitarbeiter die gestellten Aufgaben als sinnhaft, zweckgerichtet und bedeutsam erleben.

- Setzen Sie auf kleine Schritte nach vorne, erste Erfolge und zeitnahe positive Rückmeldungen. Zeigen Sie Perspektiven auf, sodass der Einzelne die Auseinandersetzung mit einer neuen Herausforderung als Chance für seine Weiterentwicklung erleben kann.

Mögliche Barrieren und Widerstände

Ihre Bemühungen, Mitarbeiter konstruktiv für neue Aufgaben zu motivieren, können dadurch erschwert werden, dass nicht alle Tätigkeiten als herausfordernd oder attraktiv erlebt werden. In diesem Fall besteht Ihr Auftrag darin aufzuzeigen, warum etwas gemacht werden muss – selbst wenn es zeitweise als unangenehm eingeschätzt wird. Nicht alle Aufgabenstellungen können so gestaltet werden, dass jedes Teammitglied mit Begeisterung an die Umsetzung herangeht.

Eine schwierige Ausgangssituation kann sich für Sie ergeben, wenn Sie einen Mitarbeiter für eine Aufgabe motivieren wollen, der partout kein Interesse dafür zeigt. In diesem Fall sollten Sie sich dennoch bemühen, durch Einfühlung, Wertschätzung und eine verständigungsorientierte Grundhaltung auf den Mitarbeiter zuzugehen.

Ihnen sind aber auch Grenzen gesetzt. Nicht jeder Mitarbeiter ist für eine bestimmte Tätigkeit zu motivieren. Letztlich kann jeder sich nur selbst motivieren. Fehlt eine innere Grundbereitschaft, sind Ihnen die Hände gebunden. Nehmen Sie Ihre Verantwortung ernst, Ihre Mitarbeiter als Berater, Förderer, Coach und Gesprächspartner auch in schwierigen Motivationslagen zu begleiten und zu unterstützen.

Beispiel aus der Praxis

Durchführung einer Kundenstudie

Sie möchten Ihre Mitarbeiter motivieren, eine neue Studie zur Kundenzufriedenheit durchzuführen.

Ihre Abteilung übernimmt die Koordinierung der Servicetechnik für die Produkte Ihres Hauses. Sie organisieren die Einsätze von Technikern und Support-Mitarbeitern bei Geräteinstallationen für Endkunden und kümmern sich um die Abwicklung von Serviceaufträgen bei mittelständischen Firmen. In der letzten Teamsitzung haben Sie gemeinsam mit Ihren Mitarbeitern eine Standortbestimmung vorgenommen: Wie wird unser Team von außen erlebt? Was läuft gut, was läuft weniger gut? Wie nehmen uns unsere Kunden wahr?

Die Besprechung hat ergeben, dass in Einzelfällen ähnlich gelagerte Reklamationen über die Hotline eingehen. Dabei wird wiederholt von Kunden bemängelt, dass die Installationen nicht einwandfrei, mit Terminverzug oder unvollständig ausgeführt wurden. Sie sehen nun dringenden Handlungsbedarf und haben Ihrem Team den hohen Stellenwert einer reibungslosen Abwicklung der Serviceaufträge verdeutlicht.

In einer weiteren Teambesprechung werden Vorschläge gesammelt, wie die Kundenzufriedenheit gesteigert werden kann. Dazu gehen verschiedene Anregungen Ihrer Mitarbeiter ein: Qualifikationsmaßnahmen, bessere Erreichbarkeit der Hotline, zusätzliches Personal, verbesserte Kundeninformationen, präzisere Terminabstimmungen. Sie wissen aber, dass das Budget knapp bemessen ist. Nach

Rücksprache mit Marketingspezialisten ist aus Ihrer Sicht eine Kundenzufriedenheitsanalyse im Vorfeld eine vernünftige Maßnahme. Sie schlagen dies Ihrem Team vor und regen an, dass eine systematische Erhebung sowohl bei ausgewählten Kunden als auch bei den Servicetechnikern durchgeführt wird.

Ihre Mitarbeiter geben Ihnen die Rückmeldung, dass sie diesen Ansatz zwar als sinnvoll bewerten, aber keine zusätzlichen Kapazitäten zur Durchführung der Befragungsaktion vorhanden seien. Das Team macht den Vorschlag, stattdessen ein externes Institut mit der Durchführung der Analyse zu beauftragen. Sie entschließen sich dazu, die Entscheidung zu vertagen. Im Nachgang führen Sie vertiefende Gespräche mit Ihren Mitarbeitern und verschaffen sich einen Überblick über die Auslastung der einzelnen Teammitglieder. Sie halten Rücksprache mit Ihrem Vorgesetzten und prüfen die Möglichkeiten, eine Agentur zu beauftragen.

Sie gewinnen daraufhin den Eindruck, dass die Kapazitäten im eigenen Team derzeit nicht vorhanden sind, um die Studie mit Abteilungsressourcen professionell durchzuführen. Dies erläutern Sie Ihrem Vorgesetzten. Im direkten Gespräch mit ihm erreichen Sie, dass ein Teil der Studie von Dritten übernommen wird. Ihr Team soll allerdings die Aufbereitung und interne Präsentation übernehmen. In einer darauffolgenden Teambesprechung erläutern Sie allen die Situation und werben für einen Kompromiss. Sie machen ergänzende Vorschläge, wie einzelne Arbeiten umverteilt werden können.

Auf den Punkt gebracht

Motivieren Sie Ihre Mitarbeiter durch das Übertragen attraktiver Aufgaben und durch einfühlsame Unterstützung bei der eigenständigen Zielverfolgung. Lassen Sie erkennen, dass Sie selbst mit Freude und innerer Überzeugung an Ihre Aufgaben herangehen. Nehmen Sie geäußerte Wünsche und Erwartungen Ihrer Mitarbeiter ernst. Kümmern Sie sich um das persönliche Wohlbefinden.

7. Teams aufbauen und entwickeln

Wenn Sie als Führungskraft erfolgreich sein wollen, benötigen Sie ein kompetentes Team, das Sie bei der Verfolgung Ihrer Ziele unterstützt. Alleine werden Sie es kaum schaffen. Sonst wären Sie auch nicht Führungskraft. Es wird von Ihnen erwartet, dass Sie Ihre Mitarbeiter so einsetzen, dass die angestrebten Leistungen optimal erbracht werden. Insofern kommt Ihnen die Verantwortung zu, darüber nachzudenken, mit wem Sie welche Aufgaben am besten erledigen und wie Sie darauf hinwirken können, dass die Zusammenarbeit untereinander gut klappt.

Damit müssen Sie sich folgende Fragen beantworten:

- Wie gestaltet sich die Kommunikation und Zusammenarbeit derzeit in Ihrem Team?
- Besteht die Notwendigkeit, den einen oder anderen noch besser in das Team zu integrieren?
- Wie können Sie das Teamklima und die gemeinsame Identität weiter stärken?

- Welches Verständnis haben Sie als Führungskraft in Bezug auf Ihren Auftrag und Ihre Rolle im Team?

Wenn Sie Ihr Team weiter voranbringen wollen, liegt es an Ihnen, darauf zu achten, dass die Kooperation in Ihrem Verantwortungsbereich konstruktiv und reibungslos vonstatten geht. Dabei werden Sie Mitarbeiter mit unterschiedlichen Naturellen, Talenten und Bedürfnissen unter einen Hut bringen müssen.

Dass in einem Team immer alles rundläuft, ist eher unwahrscheinlich. Gehen Sie deshalb nicht von dieser Idealvorstellung aus. Wenn beispielsweise komplexe Probleme unter hohem Arbeitsdruck zu bearbeiten sind, ist gelegentlich zu erwarten, dass abweichende Sichtweisen aufeinanderprallen und handfeste Reibereien untereinander ausgetragen werden müssen.

!

> Wirken Sie auf eine faire Streitkultur hin, bei der auch einmal ein lautes Wort fallen kann. Setzen Sie Grenzen und kümmern Sie sich frühzeitig um die Entschärfung von Konflikten, wenn Sie den Eindruck haben, dass z. B. Machtkämpfe die Oberhand gewinnen.

Ihre Mitarbeiter benötigen Ihre Unterstützung, damit die Vertrauensbildung untereinander gefördert wird und ein gemeinsames Teamverständnis entsteht. Senden Sie Signale, wann beispielsweise ein Teammitglied auf das andere zugehen sollte. Stärken Sie den inneren Zusammenhalt und wirken Sie auf die Schaffung einer gemeinsamen Identität hin. Gebieten Sie Einhalt, wenn Sie beobachten, dass Einzelne sich von anderen innerlich abgrenzen und nur eigene Ziele verfolgen.

Empfehlungen

- Denken Sie mit allen Mitarbeitern darüber nach, was ein gutes Team auszeichnet. Es kommt vor allem darauf an, dass jeder Einzelne sich dessen bewusst ist, dass es nur miteinander geht.
- Überlegen Sie, wer mit wem besonders gut harmoniert, und bilden Sie Arbeitsgruppen, Projektteams oder Task-Forces nicht nur nach fachlichen Kriterien.
- Fordern Sie Ihre Mitarbeiter dazu auf, anstehende Problemstellungen untereinander direkt zu klären, frühzeitig auf den anderen im Team zuzugehen und nicht unnötige Umwege einzuschlagen.
- Fragen Sie nach, was Sie beitragen können, damit eine einheitliche Meinungsbildung im Team erreicht wird. Verstehen Sie sich als Prozessbegleiter, der seinem Team hilft, einen gemeinsamen Weg zu finden.
- Lassen Sie nicht nur Ihre eigene Meinung gelten. Wenn Sie den Eindruck erwecken, dass nichts ohne Ihre Zustimmung geschehen darf, brauchen Sie sich nicht zu wundern, wenn keiner Verantwortung übernehmen möchte.

Mögliche Barrieren und Widerstände

Wenn Sie ein angenehmes Teamklima aufbauen und fördern wollen, setzt dies voraus, dass Sie die verschiedenen

Mentalitäten, Interessen und fachlichen Kompetenzen Ihrer Mitarbeiter vereinen. Gerade in der Anfangsphase, wenn die Rollenverteilung noch unklar ist, kann es zu vielfältigen Reibereien und Spannungen untereinander kommen. Wenn Sie damit gelassen umgehen und sich mit Geduld darum bemühen, die unterschiedlichen Sichtweisen und Bedürfnisse zunächst näher kennenzulernen, machen Sie einen guten Anfang.

Halten Sie sich mit Bewertungen und vorschnellen Entscheidungen zurück. Nutzen Sie Gelegenheiten, in Team- und Arbeitsbesprechungen darauf hinzuwirken, dass jeder sich und seine Vorstellungen näher vorstellt. Wenn Sie feststellen, dass bestimmte Mitarbeiter „abblocken" oder sich nötigen Klärungsprozessen entziehen, sollten Sie Ihren Einfluss geltend machen, damit aufeinander zugegangen wird.

Eine gewisse Frustrationstoleranz und Beständigkeit beim Versuch, auf ein produktives Teamklima hinzuwirken, können Sie bei allen Ihren Mitarbeitern erwarten. Sorgen Sie dafür, dass Türen nicht vorzeitig zugeschlagen werden. Besser sollte jeder dazu beitragen, einen neuen Anlauf zu nehmen, wenn die Verständigung untereinander einmal nicht gelingt. Ein gutes Team zeichnet sich gerade dadurch aus, dass spannungsgeladene Situationen durch beharrliches Aufeinanderzugehen gemeistert werden.

Leisten Sie aus der Führungsperspektive Ihren Beitrag, damit der Blick von allen konsequent nach vorne gerichtet wird. Wechselseitige Schuldzuweisungen, Selbstbemitleidung oder gar Resignation sind fehl am Platz. Stellen Sie sich darauf ein, dass ein starkes Team nicht durch Zufall entsteht. Gefordert ist ein stetiges Bemühen von allen Beteiligten, sich den Ball immer wieder gegenseitig neu zuzuspielen. Verstehen Sie sich als achtsamer Coach, der sein Team wirkungsvoll dabei unterstützt, einen gemeinsamen Lösungsansatz gerade dann zu finden, wenn etwas nicht nach Plan läuft.

Beispiel aus der Praxis

Teamgeist stärken

Sie möchten den Zusammenhalt in Ihrem Team weiter fördern und suchen nach hierfür geeigneten Aktivitäten.

Sie führen Ihr Service-Team mit sieben Spezialisten und vier Assistenz-Mitarbeitern seit etwa einem Jahr. In den letzten sechs Monaten sind zwei neue Mitarbeiter hinzugestoßen und ein Mitarbeiter ist in einen anderen Bereich gewechselt. Sie führen bereits alle drei Wochen eine ausführliche Teambesprechung durch. Einmal pro Woche treffen Sie zu einer einstündigen Lagesprechung zusammen, um aktuelle Fachfragen zu erörtern und um neue Informationen zum Kundenservice auszutauschen. Mit allen Mitarbeitern haben Sie in diesem Jahr ein strukturiertes Mitarbeiter- und ein Meilensteingespräch zur Begleitung der Zielverfolgung und Aufgabenerledigung geführt. Bedarfsorientiert bieten Sie darüber hinaus Coachinggespräche an, in denen der Verlauf von Qualifizierungs-, Förder- und Unterstützungsmaßnahmen behandelt wird.

Ab und zu gibt es derzeit Meinungsverschiedenheiten, z. B. zwischen einzelnen Spezialisten untereinander. Die Assistenzkräfte wünschen sich einen rascheren Informationsaustausch und eine stärkere Einbindung in laufende Projekte. In der letzten Teambesprechung wurde der Wunsch an Sie herangetragen, die Zuständigkeiten klarer zu fassen und dazu beizutragen, die hohe Arbeitsbelastung zu reduzieren. Einige Mitarbeiter leisten häufiger Überstunden als andere. Zwei Mitarbeiter haben angesprochen, dass die Arbeitsverteilung im Team nicht ausgewogen sei. Sie nehmen sich nun Folgendes vor:

- Durchführung einer zweitägigen Teamklausur zur Standortbestimmung und Situationsanalyse mit Einbeziehung eines Moderators und einer Themensammlung im Vorfeld
- Vorbereitung einer informellen Teamaktivität außerhalb der Arbeitszeit, um den Zusammenhalt untereinander zu fördern (Hierzu bitten Sie Ihre Mitarbeiter um Vorschläge und kümmern sich um ein Budget zur Realisierung.)
- Einbeziehen eines Spezialisten für Organisationsablaufanalyse, der die Prozesse in der Abteilung analysiert und Vorschläge zur Entlastung einzelner Mitarbeiter unterbreitet
- Überprüfung der Überstundensituation mit dem Ziel, Gründe für Belastungsspitzen ausfindig zu machen und die Mehrarbeit bei einzelnen Mitarbeitern zu reduzieren
- Workshop mit den Assistenzkräften, um Ideen für die Verbesserung des Informationsaustauschs und deren verstärkte Projekteinbindung zu sammeln

Auf den Punkt gebracht

Gute Leistungen für Ihre Kunden werden gefördert, wenn Teamgeist vorhanden ist und an einem Strang gezogen wird. Achten Sie darauf, dass sich alle in das

Team integrieren und gemeinsam auf die Zielerreichung konzentrieren. Stärken Sie den Zusammenhalt im Team. Fördern Sie ein übergreifendes Teamdenken, das nicht an Bereichsgrenzen Halt macht.

8. Zeitnah entscheiden und Entscheidungen begründen

Von Ihnen als Führungskraft wird erwartet, dass Sie plausible und transparente Entscheidungen treffen. Ihre Entscheidungen sollten für Ihre Mitarbeiter verständlich sein und dazu beitragen, Prioritäten zu setzen: In welche Richtung schreiten wir voran? Worauf kommt es vor allem an? Welche Handlungsalternativen werden bevorzugt? Die von Ihnen getroffenen Entscheidungen dienen auch dazu, den Blick auf wirtschaftliches und kundenorientiertes Handeln zu lenken. Greifen Sie nicht in die eigenverantwortliche Zielverfolgung und fachliche Aufgabenerledigung Ihrer Mitarbeiter ein. Ansonsten würden Sie die erfolgreiche Delegation einzelner Arbeitsaufträge gefährden.

Schieben Sie Ihre Entscheidungen nicht auf die lange Bank. Stehen Sie zu den von Ihnen getroffenen Entscheidungen und vermeiden Sie es, diese unvermittelt wieder infrage zu stellen und ohne zwingende Gründe im Nachgang zu revidieren. Sie riskieren sonst, dass der rote Faden verloren geht und Sie als wenig berechenbar erlebt werden.

Meistens erreichen Sie eine höhere Akzeptanz, wenn Sie Ihre Mitarbeiter in den Entscheidungsprozess einbinden. Damit ist gemeint, dass Sie Ihre Überlegungen zu möglichen Handlungsalternativen im Vorfeld mit Ihren Mitarbeitern erörtern und Ihr Team unmittelbar in die Lösungsfindung einbeziehen. Sie können beispielsweise Referenten in Ihrem Team darum bitten, eine eigenständige Problemanalyse aus fachlicher Perspektive zu entwickeln und ergänzend Lösungsvorschläge zu erarbeiten. Ausgehend von einer Bewertung des Für und Wider einzelner Handlungsmöglichkeiten können Sie im Anschluss eine verbindliche Entscheidung treffen, die Sie zugleich nachvollziehbar begründen.

Machen Sie es sich zur Gewohnheit, nicht überhastet zu entscheiden. Nehmen Sie sich bei weitreichenden Entscheidungen genügend Bedenkzeit und schlafen Sie eine oder mehrere Nächte über die Sachlage. Beraten Sie sich gegebenenfalls nochmals mit Ihren Mitarbeitern oder holen Sie externe Meinungen ein. Sie können konsequenzenreiche Weichenstellungen auch mit Ihrem eigenen Vorgesetzten erörtern, sollten dann aber selbst zu einer Entscheidung kommen.

Wenn Sie Vorgesetzte in die Entscheidungsfindung einbeziehen, müssen Sie damit rechnen, dass die Betreffenden ihre eigene Sicht darstellen und es unter Umständen schwierig für Sie wird, davon abweichende Entscheidungen zu treffen. Es kann auch der Eindruck entstehen, dass Sie selbst entscheidungsschwach sind und nicht von sich aus gemeinsam mit Ihrem Team zu einer Lösung finden. Dennoch kann dieser Weg der unmittelbaren Einbeziehung eines Vorgesetzten sinnvoll sein – etwa dann, wenn die

Meinungsbildung im Team sehr kontrovers ist, starke Widerstände bei einer bestimmten Entscheidung zu erwarten sind oder Sie ausschließen wollen, dass eine getroffene Entscheidung später von Ihren Vorgesetzten keinen Zuspruch findet.

Empfehlungen

- Beraten Sie wichtige Entscheidungen mit Ihrem Team, z. B. indem Sie Lösungsvorschläge und eine Entscheidungsvorlage von Ihren Spezialisten erstellen lassen. Sie können auch kontroverse Sachverhalte direkt in einer Teamsitzung ansprechen.
- Diskutieren Sie fachbezogene Entscheidungen mit denjenigen Mitarbeitern, die hierzu kompetent argumentieren können. Es ergibt wenig Sinn, Entscheidungsalternativen grundsätzlich mit allen Mitarbeitern zu erörtern.
- Vermeiden Sie einsame Entscheidungen am grünen Tisch. Ihre Mitarbeiter gewinnen sonst den Eindruck, dass Sie kein Interesse daran haben, sich intern abzustimmen.
- Begründen Sie getroffene Entscheidungen so, dass verständlich wird, warum Sie einen bestimmten Weg einschlagen. Erläutern Sie, dass weitreichende Entscheidungen im Hinblick auf die Folgen von Ihnen selbst verantwortet werden müssen.
- Falls Sie wider Erwarten zu der Einschätzung kommen, dass eine getroffene Entscheidung falsch war, sollten Sie diese erneut überdenken und gegebenenfalls revidieren.

Mögliche Barrieren und Widerstände

Es ist von Vorteil, wenn Sie anstreben, zügig zu entscheiden und Ihre Entscheidungsmotive für die Beteiligten klar verständlich zu machen. In der Führungspraxis sind aber gelegentlich Entscheidungen nötig, die eine intensive Vorbereitung benötigen und bei denen es sich lohnt, über einen längeren Zeitraum das Für und Wider zu beleuchten. Denken Sie beispielsweise an weitreichende Personalentscheidungen, Umstrukturierungen in Ihrer Abteilung oder an Weichenstellungen, die erhebliche Folgekosten nach sich ziehen können.

Unter Umständen sind auch die Entscheidungsgrundlagen im Vorfeld nur unvollständig bekannt und Sie haben aufgrund einer vorläufigen Faktenlage zu entscheiden. Dazu kommt gelegentlich Druck von außen: Vorgaben von übergeordneter Ebene oder restriktive Budgets können Ihren Entscheidungsspielraum beschneiden. Gelegentlich haben Sie nur die Wahl zwischen zwei gleichermaßen unliebsamen Entscheidungen, z. B. wenn Kosten zu senken sind oder aber mit den vorhandenen Kapazitäten nur eine Teillösung erreicht werden kann.

Da Ihr Verantwortungsbereich in vielfältiger Weise mit anderen Unternehmenseinheiten vernetzt ist und Sie stets nach Wirtschaftlichkeitserwägungen handeln müssen, kann es nötig sein, in Einzelfällen auch gegen eine Gruppenmehrheit in Ihrem Team zu entscheiden.

! Bedenken Sie, dass Sie stets die Verantwortung für die Folgen Ihres Handelns zu tragen haben. Dies schließt es aus, dass Sie nur nach Beliebtheit, bevorzugtem

Gruppenwunsch oder wahrgenommener Attraktivität einer Handlungsalternative entscheiden. Haben Sie den Mut, in begründeten Fällen Ihre persönliche Sicht durchzusetzen.

Beispiel aus der Praxis

Entscheidung zu einem kontroversen Problem

Sie nehmen sich vor, in einer kontroversen Problemstellung eine nachvollziehbare Entscheidung herbeizuführen.

Zur Neueinführung eines Produktes möchten Sie unterstützende Marketingaktivitäten einleiten, um die Kunden auf das neue Angebot hinzuweisen. Sie bitten vier Fachreferenten in Ihrem Team, die Anforderungen zu analysieren und methodische Vorschläge zum weiteren Vorgehen zu erarbeiten. Es kristallisieren sich zwei Lösungsansätze heraus:

- Eine gezielte Mailing-Aktion mit ergänzenden Telefonaten bei interessierten Neu- und Bestandskunden (Variante A).
- Vorbereitung eines Standes bei einer einschlägigen Industriemesse, um auf das neue Produktangebot vor Ort aufmerksam zu machen (Variante B).

Die Spezialisten in Ihrem Team halten beide Wege für grundsätzlich zielführend, präferieren aber Variante A. Lediglich ein Spezialist gibt ein abweichendes Votum für Alternative B ab. Aus Kapazitätsgründen ist die Kombination der Lösungsansätze A und B derzeit ausgeschlossen. Sie besprechen sich ergänzend mit einem Sachverständigen und kommen zu der Einschätzung, dass Variante B aussichtsreicher erscheint.

In einer Teambesprechung erörtern Sie die Vor- und Nachteile der beiden Vorgehensweisen. Die vertiefte Diskussion ergibt jedoch keine Veränderung des Meinungsbildes in Ihrer Gruppe. Eine zweite, nachfolgende Besprechung in Ihrem Team, bei der weitere Argumente für die jeweiligen Positionen vortragen werden, ergibt erneut das ursprüngliche Meinungsbild. Sie sind nun gefordert, eine Entscheidung zu treffen.

Nach reiflicher Überlegung entscheiden Sie sich für Variante B, obwohl Sie die Vorbehalte der Mehrheit Ihrer Spezialisten kennen. Sie versprechen sich aus verschiedenen Gründen mehr von einer gezielten Messepräsenz. Sie begründen Ihre abweichende Einschätzung und erläutern, dass Sie die Marktakzeptanz bei der Einführung des neuen Produktes sichern wollen. Sie erläutern, dass Ihnen die Entscheidung schwergefallen ist, Sie aber von den Vorteilen der Variante B überzeugt sind. Sie werben dafür, Ihre Entscheidung zu respektieren und bei der Umsetzung engagiert mitzuwirken.

Im Nachgang besprechen Sie mit Ihrem Team, wie die Aufgabenverteilung bei der Vorbereitung der Messe aussehen kann.

Auf den Punkt gebracht

Sehen Sie Ihre Verantwortung als Führungskraft darin, klare und nachvollziehbare Entscheidungen zu treffen. Vermeiden Sie überstürzte Entscheidungen, aber schieben Sie auch nichts auf die lange Bank. Bedenken Sie, dass Ihre Mitarbeiter auf Ihre Entscheidungen angewiesen sind, damit sie Kurs halten und eigenverantwortlich handeln können.

9. Mitarbeitergespräche führen

Das persönliche Mitarbeitergespräch ist ein zentrales Führungsinstrument, vielleicht das wichtigste von allen. Durch den unmittelbaren, individuellen und partnerschaftlichen Dialog mit Ihren Mitarbeitern können Sie sich voll auf den Einzelnen konzentrieren und einen wesentlichen Beitrag dazu leisten, das wechselseitige Vertrauensverhältnis zu vertiefen. Gut geführte Gespräche mit Ihren Mitarbeitern sind auch eine wichtige Grundlage, um die Zufriedenheit und die Motivation Ihrer Teammitglieder zu fördern. Wenn Sie ein Mitarbeitergespräch erfolgreich gestalten möchten, sind Sie in hohem Maße gefordert, sich auf Ihr Gegenüber einzustellen.

Grundsätzlich sind zwei Arten von Mitarbeitergesprächen zu unterscheiden:

1. **Anlassbezogene (Mitarbeiter-)Gespräche**, die bei einem bestimmten aktuellen *Besprechungsanlass* stattfinden und meist einen besonderen thematischen Schwerpunkt haben, z. B. die Erörterung von Arbeitsergebnissen oder das Aussprechen von Anerkennung, Kritik oder Verbesserungsvorschlägen.
2. **Strukturierte Mitarbeitergespräche,** d. h. Mitarbeitergespräche im engeren Sinne, z. B. Jahresgespräche, die eher vertiefend zur Analyse der Arbeitssituation, der

Mitarbeiterzufriedenheit oder der persönlichen Weiterentwicklung geführt werden. Meist folgen sie einer bestimmten Besprechungsstruktur, z. B. *chronologisch* mit den Gesprächsbestandteilen „Rückblick", „Standortbestimmung" und „Zukunftsplanung". Oder es wird eine *thematische* Gliederung gewählt, z. B. Bewertung von erzielten Leistungen, Kompetenz- und Potenzialanalyse, Mitarbeiterzufriedenheit und Einschätzung des Teamklimas, Ziel-, Aufgaben- und Projektplanung sowie künftige Qualifizierung/Personalentwicklung.

Während anlassbezogene Gespräche sich je nach Situation spontan ergeben können und meist ein einzelner Besprechungsinhalt im Mittelpunkt steht, werden strukturierte Mitarbeitergespräche gezielt vorbereitet und beispielsweise anhand eines festgelegten Themenkatalogs geführt.

Unabhängig von der Art des Gesprächs ist von entscheidender Bedeutung, wie Sie als Führungskraft ein Mitarbeitergespräch *tatsächlich* führen. Checklisten, Leitfäden und Strukturierungshilfen zur Gesprächsführung können lediglich unterstützen, um den positiven Verlauf eines Mitarbeitergesprächs zu fördern.

! Nutzen Sie am besten beide Formen des Mitarbeitergesprächs in Ihrer Führungspraxis. Suchen Sie das unmittelbare, situationsbezogene Gespräch im Tagesgeschäft und führen Sie mit allen Mitarbeitern in regelmäßigen Abständen strukturierte Mitarbeitergespräche. Meist gibt es organisationsinterne Empfehlungen, in welchem Rhythmus solche Mitarbeitergespräche zu führen sind, z. B. halbjährlich oder jährlich.

Empfehlungen für anlassbezogene Gespräche

- Führen Sie das Gespräch zeitnah im Bezug zum jeweiligen Anlass. Ergreifen Sie die Initiative und sorgen Sie für eine ungestörte Besprechungsatmosphäre. Erläutern Sie Ihrem Gegenüber, warum Sie das Gespräch jetzt führen und worauf es Ihnen ankommt, z. B. Feedback zu geben oder den Mitarbeiter bei der Verfolgung eines anspruchsvollen Ziels zu beraten.
- Sorgen Sie für einen positiven Einstieg und einen angenehmen Ausklang des jeweiligen Gesprächs. Selbst wenn Sie punktuell Kritik zu üben haben, sollte das Gespräch nicht als persönlicher Angriff empfunden werden oder negative Emotionen aufkommen lassen.
- Nutzen Sie auch in einem anlassbezogenen Gespräch sich ergebende Möglichkeiten, um die Einsatzbereitschaft, das Verhalten und die Leistungen Ihres Mitarbeiters zu würdigen.
- Wirken Sie im Gespräch darauf hin, dass konkrete Vereinbarungen getroffen werden: Was soll erreicht werden? Welche Verantwortung trägt Ihr Mitarbeiter? Wie werden Sie ihn unterstützen? Was kann getan werden, damit Erfolge erzielt werden?

Empfehlungen für strukturierte Mitarbeitergespräche

- Bereiten Sie sich auf das anstehende Vieraugengespräch im Vorfeld anhand einer Checkliste vor. Geben Sie auch

Ihrem Mitarbeiter die Gelegenheit, sich gleichermaßen vorzubereiten.

- Führen Sie das Gespräch in ungestörter, vertraulicher Atmosphäre und nehmen Sie sich dafür genügend Zeit. Mindestens 60 bis 90 Minuten sind ein sinnvoller Zeitrahmen.
- Achten Sie auf ausgewogene Gesprächsanteile. Lassen Sie Ihren Mitarbeiter bevorzugt zu Wort kommen. Hören Sie gut zu. Vermeiden Sie Monologe. Stellen Sie offene Fragen, z. B. „Wie erleben Sie derzeit Ihre Arbeitssituation?" oder „Was hätten Sie gerne anders?"
- Wenn bereits ein gutes Vertrauensverhältnis gegeben ist, können Sie Ihren Mitarbeiter auch bitten, Ihnen als Führungskraft Rückmeldung zu geben: „Wie erleben Sie mich als Führungskraft? Welche Anregungen haben Sie an mich?"
- Legen Sie einen Schwerpunkt auf die Wünsche und Erwartungen des Mitarbeiters. Vertiefen Sie vor allem das Thema der Arbeitszufriedenheit. Betrachten Sie das Mitarbeitergespräch auch als „Frühwarnsystem".
- Nutzen Sie das ausführliche Mitarbeitergespräch, um über alle wesentlichen Aspekte der gemeinsamen Zusammenarbeit zu sprechen: von den Aufgabenschwerpunkten über die Arbeitsbedingungen bis hin zu den Vorstellungen des Mitarbeiters über seine künftige berufliche Entwicklung.
- Betrachten Sie das Mitarbeitergespräch vor allem als Chance, um mehr über Ihr Gegenüber zu erfahren: Was

motiviert Ihren Mitarbeiter, wie wohl fühlt er sich am Arbeitsplatz? Wie sieht er seine berufliche Zukunft?

Mögliche Barrieren und Widerstände

Ein vertieftes Mitarbeitergespräch zu führen setzt voraus, dass beide Seiten zum Dialog bereit sind und ein Vertrauensverhältnis besteht. Fehlt diese Basis, so kann es passieren, dass taktische Verhaltensweisen den Gedankenaustausch behindern. So kann der Fall eintreten, dass ein Mitarbeiter sich Ihnen im Gespräch nicht öffnet, weil er unangenehme Folgen befürchtet – etwa Sanktionen von Ihrer Seite, wenn er bestimmte Sachverhalte anspricht. Nehmen Sie als Beispiel, dass Sie die Meinung des Mitarbeiters zu Ihrem Führungsstil hinterfragen. Wenn Ihr Mitarbeiter es nicht gewohnt ist, sich gegenüber einem Vorgesetzten auch kritisch zu äußern, wird er sich bedeckt halten.

Üben Sie in einer solchen Konstellation keinen Druck aus und akzeptieren Sie die Haltung Ihres Mitarbeiters. Es wird Gründe haben, warum er sich so verhält. Sie können Ihre Wahrnehmungen durchaus ansprechen. Respektieren Sie aber unbedingt eine eher defensive oder zögerliche Gesprächseinstellung Ihres Mitarbeiters.

Beispielsweise können Sie fragen: „Was ist Ihnen hierzu wichtig? Gibt es einen weiteren Gedanken, den Sie von Ihrer Seite ansprechen möchten? Kann ich Sie evtl. bei … unterstützen? Haben Sie hierzu Wünsche?" Vermeiden Sie demgegenüber Äußerungen wie: „Und warum sagen Sie jetzt nichts? Haben Sie keine Meinung dazu? Wieso kommt von Ihnen so wenig?" Dies würde unter Umständen eine Blockade auslösen, da Ihr Mitarbeiter spürt, dass Sie mit seinem Verhalten unzufrieden sind und ihn aus der Reserve locken wollen. Mit etwas Abstand ergeben sich vielleicht neue Ansatzpunkte, um mit ihm wieder eine Gesprächsgrundlage zu finden.

Beispiel aus der Praxis

Strukturierte Gespräche mit allen Mitarbeitern

Sie beabsichtigen, strukturierte Mitarbeitergespräche mit allen Mitarbeitern in Ihrem Team zu führen.

Etwa 14 Tage, bevor Sie mit den Gesprächen beginnen, informieren Sie Ihre Mitarbeiter über den geplanten Ablauf. Sämtliche Mitarbeiter erhalten einen Leitfaden und eine Checkliste zum Mitarbeitergespräch. Sie fordern dazu auf, dass jeder sich einige Tage vor dem Gespräch während der Arbeitszeit vorbereitet und seine Notizen als Gesprächsgrundlage mitbringt.

Das Gespräch eröffnen Sie mit einer persönlichen Begrüßung, nennen den vorgesehenen Zeitrahmen und erläutern die Ziele des Mitarbeitergesprächs. Dabei stellen Sie heraus, dass vor allem ein offener Gedankenaustausch, die Zufriedenheit des Mitarbeiters und die künftige Gestaltung der Zusammenarbeit im Mittelpunkt stehen. Sie erläutern, dass ein Rückblick auf die letzte Periode vorgenommen, die Aufgabenschwerpunkte beleuchtet und die wechselseitigen Wünsche und Erwartungen für die Zukunft vertieft werden sollen. Sie weisen darauf hin, dass das Gespräch vertraulich geführt wird und vor allem dazu dient, die weitere erfolgreiche Zusammenarbeit zu fördern.

Die einzelnen Themen behandeln Sie in der Form, dass Sie zunächst die Sichtweise des Mitarbeiters erfragen und anschließend Ihre eigenen Wahrnehmungen ergänzen. Sie bemühen sich um eine vertrauensvolle Atmosphäre, indem Sie aktiv zuhören und die Sichtweisen des Mitarbeiters in eigenen Worten reflektieren.

Sie können den Mitarbeiter um ein kurzes Ergebnisprotokoll in seinen eigenen Worten bitten. In diesem Fall weisen Sie darauf hin, dass ein solches Gesprächsprotokoll als Erinnerungsstütze für ein Folgegespräch dient, nicht in der Personalakte abgelegt und auch nicht an Außenstehende weitergegeben wird. Sofern Einschätzungen oder Vereinbarungen getroffen werden, die verbindlich zu dokumentieren sind, werden diese gesondert festgehalten.

Auf den Punkt gebracht

Räumen Sie dem Dialog mit Ihren Mitarbeitern eine hohe Priorität ein. Suchen Sie das persönliche Gespräch mit jedem Einzelnen, aber auch den offenen Gedankenaustausch im Team. Führen Sie Gespräche einfühlsam und lassen Sie Ihre Mitarbeiter zu Wort kommen. Verstehen Sie das Mitarbeitergespräch als Chance, um die Zufriedenheit und Eigenmotivation zu fördern.

10. Wertschätzend Feedback geben

Rückmeldungen zu geben ist ein wichtiges Führungsinstrument, um für Ihre Mitarbeiter nachvollziehbar zu machen, wie gezeigtes Verhalten und erbrachte Leistungen von Ihnen eingeschätzt werden. Bedenken Sie dabei, dass Ihre Wahrnehmungen subjektiv sind und eine Bewertung von Ihnen mehr oder minder zutreffend sein kann. Wenn Sie eine Rückmeldung geben, bringt diese Ihre persönliche Sichtweise zum Ausdruck. Es handelt sich folglich nicht um eine zweifelsfrei objektive Beurteilung. Häufig weichen Sichtweisen voneinander ab, da die Beteiligten in einer bestimmten Situationen unterschiedliche Perspektiven einnehmen.

Dies bedeutet aber keineswegs, dass Sie keine Rückmeldungen geben sollten, da Sie sich täuschen könnten. Im Gegenteil: Selbst wenn Ihre Einschätzungen aufgrund des „Blicks durch Ihre eigene Brille" gefärbt sind, können Sie Ihren Mitarbeitern wichtige Signale geben:

- Was läuft aus Ihrer Sicht gut: Welche Verhaltensweisen möchten Sie bei Ihrem Gegenüber besonders würdigen?
- Wie bewerten Sie erbrachte Leistungen unter dem Blickwinkel der gesetzten Ziele, Kundenanforderungen oder Wirtschaftlichkeitserwägungen?
- Wie schätzen Sie die gezeigte Einsatzbereitschaft, die Arbeitsorganisation und die erzielte Qualität ein?
- Wie kann aus gesammelten Erfahrungen, auch Fehlern, weiter gelernt werden, um künftig neue Herausforderungen zu bewältigen?

Ihre Mitarbeiter erwarten von Ihnen als Führungskraft, dass Sie ihnen Feedback geben, inwieweit ihr Verhalten den Anforderungen entspricht. Dabei spielt Motivation eine wichtige Rolle. Unbedacht kritische Äußerungen von Ihrer Seite können emotionale Reaktionen auslösen, die sich ungünstig auf die Leistungsbereitschaft und die Mitarbeiterzufriedenheit auswirken. Bedenken Sie deshalb im Vorfeld, welche Folgen einzelne Rückmeldungen von Ihrer Seite gerade für die Arbeitseinstellung Ihrer Mitarbeiter haben können.

Setzen Sie dort an, wo Ihre Mitarbeiter Gutes geleistet haben und Sie die Betreffenden dabei unterstützen können, einen Schritt weiter nach vorne zu gehen. Suchen Sie gemeinsam mit Ihren Mitarbeitern nach neuen Herausforderungen, die Chancen bieten, sich auch persönlich weiterzuentwickeln.

Empfehlungen

- Berücksichtigen Sie, dass jede Tätigkeit eines Mitarbeiters wertvoll ist, sofern sie zum Gelingen des Gesamten beiträgt. Zeigen Sie auf, inwiefern ein Mitarbeiter durch sein Verhalten, seine Leistung und sein Engagement sicherstellt, dass der eingeschlagene Kurs und die Mission Ihres Teams erreicht werden.
- Achten Sie darauf, individuelle Rückmeldungen immer nach folgenden Kriterien zu geben: vertraulich, persönlich, zeitnah, verhaltensbezogen und wertschätzend.
- Ergänzen Sie geäußerte Kritik unmittelbar durch verhaltensorientierte Anregungen und Verbesserungsvorschläge, die dem jeweiligen Mitarbeiter aufzeigen, was er bei sich, in seinem Verhalten oder bei seinem Leistungsbeitrag künftig ändern kann.
- Vermeiden Sie auf eine einzelne Person gerichtete, bewertende Rückmeldungen in Anwesenheit von Dritten.

Achten Sie auf die Gefahr von Bloßstellungen oder Zurücksetzungen. Anerkennung, Lob oder Kritik werden am besten im Vieraugengespräch ausgesprochen.

- Geben Sie Rückmeldungen unter Bezug auf objektive Fakten. Machen Sie deutlich, dass nicht primär Ihre Sichtweise maßgebend ist, sondern beispielsweise die Auswirkungen auf das Image des Unternehmens, das wirtschaftliche Handeln und die Kundenzufriedenheit.
- Geben Sie Rückmeldungen so, dass Qualitätsverbesserungen und Innovationen angeregt werden. Würdigen Sie den couragierten Einsatz Ihrer Mitarbeiter, selbst wenn einmal unbeabsichtigt ein Fehler entsteht. Fördern Sie durch Ihr Feedback das Lernen aus Erfahrung und das Wachsen an neuen anspruchsvollen Aufgabenstellungen.

Mögliche Barrieren und Widerstände

Nicht immer wird es Ihnen gelingen, Ihren Mitarbeitern ein aussagefähiges Feedback zu geben. Sie haben im Tagesgeschäft unter Umständen keinen unmittelbaren Einblick in das Verhalten des jeweiligen Mitarbeiters an seinem Arbeitsplatz. Insofern ist es hilfreich, wenn Sie sich erst ein genaues Bild über das Vorgehen eines Mitarbeiters machen, bevor Sie eine Rückmeldung aussprechen. Wenn ein Mitarbeiter etwa in Projekten tätig ist, können Sie den Projektleiter nach seiner Meinung befragen. Oder Sie sprechen zunächst mit dem Mitarbeiter selbst und fragen ihn direkt nach seinen eigenen Einschätzungen. Ihr Mitarbeiter wird Ihnen wahrscheinlich auch erläutern, warum er ein bestimmtes Vorgehen gewählt hat und was er damit erreichen wollte. Sie können versuchen, gemeinsam mit ihm Bewertungsstandards im Vorhinein zu erarbeiten, um sicherzustellen, dass einzelne Arbeiten später den Anforderungen gerecht werden.

Wenn die Leistungsanforderungen unklar sind, liegt es nahe, dennoch nach überprüfbaren Erfolgskriterien zu suchen: Woran erkennen neutrale Dritte zweifelsfrei, dass eine Leistung gut erbracht oder ein Ziel vollständig erreicht wurde? Gibt es Messkriterien, die Erfolg oder Misserfolg anzeigen, z. B. Menge, Güte, Kundenbewertungen oder controllingfähige Indikatoren für die erzielten Resultate? Wenn ein Verhalten schwer zu bewerten oder eine Leistung nicht präzise messbar ist, sind Rückmeldungen von Ihrer Seite nur bedingt aussagefähig. Ihr Mitarbeiter wird womöglich nach anderen Kriterien urteilen als Sie. Deshalb sollten Sie frühzeitig die Maßstäbe festlegen.

Häufig entstehen Missverständnisse, wenn über eine angestrebte Leistung gesprochen wird: Was heißt es, ein Projekt erfolgreich abzuschließen? Woran wird Kundenzufriedenheit erkannt? Was bedeutet wirtschaftliches Denken und Handeln im Einzelfall? Je weniger klare und überprüfbare Standards Sie hierzu im Vorfeld mit Ihren Mitarbeitern erarbeiten, desto wahrscheinlicher sind Unstimmigkeiten, wenn später Erfolgsbewertungen vorzunehmen sind. Im Zweifelsfall sollten Sie sich bei Zielverfehlungen selbstkritisch zeigen:

- Inwiefern sind erkannte Defizite auf unklare Ansagen Ihrerseits zurückzuführen?

- Was können Sie selbst dazu beitragen, dass zu erbringende Leistungen künftig noch besser den Anforderungen gerecht werden?
- Welche Erkenntnisse gewinnen Sie und Ihre Mitarbeiter daraus, dass ein avisiertes Ziel verfehlt wurde? Worin bestehen die Lernchancen für die Beteiligten?

Beispiel aus der Praxis

Neugestaltung der Kundenzeitschrift als Aufgabe

Sie haben als Leiter Marketing Ihrer Mitarbeiterin die Aufgabe übertragen, ein neues Konzept für die Gestaltung der Kundenzeitschrift zu entwickeln.

Nach etwa sechs Wochen besprechen Sie sich mit Ihrer Mitarbeiterin über den Stand des Vorhabens. Dabei eröffnet Ihnen Ihre Mitarbeiterin, dass Sie noch nicht so weit fortgeschritten ist wie ursprünglich geplant. Sie konnte bis dato nur eine Grobskizze der möglichen Inhalte erstellen und einen Vorschlag für ein neues Layout erarbeiten. Eigentlich hatten Sie erwartet, dass bereits ein Rohexemplar der neuen Kundenzeitschrift vorliegt.

Sie geben Ihrer Mitarbeiterin Gelegenheit, die Gründe für den Verzug zu erläutern. Aus ihrer Sicht stellt es sich so dar, dass durch andere anfallende Arbeiten, eine vorübergehende eigene Erkrankung und Terminschwierigkeiten bei den vorgesehenen Autoren eine nicht planmäßige Verzögerung eingetreten ist.

Gemäß Ihrer Einschätzung könnte sie noch etwas bestimmter auf einzelne Autoren zugehen und darauf hinwirken, dass die fehlenden Beiträge nunmehr zeitnah eingehen.

Im Rückmeldegespräch sorgen Sie für eine angenehme Gesprächsatmosphäre und würdigen zunächst, was bereits erreicht wurde. Sie äußern Verständnis dafür, dass sich die Konzepterstellung als schwieriger erweist als vorgesehen. Sie bringen zum Ausdruck, dass durch die unerwartete Erkrankung der Mitarbeiterin die ursprünglich vorgesehenen Meilensteintermine wohl nicht gehalten werden können. Sie betonen, dass Sie mit den Vorarbeiten Ihrer Mitarbeiterin sehr zufrieden sind und den Eindruck haben, dass das Projekt in die richtige Richtung geht. Sie sprechen die Zielkriterien und Eckdaten für den angestrebten Erfolg mit ihr noch genauer ab.

Auf den Punkt gebracht

Erläutern Sie Ihren Mitarbeitern, wie Sie deren Leistungsbeiträge wahrnehmen. Sprechen Sie wertschätzend Anerkennung aus und zeigen Sie auf, inwiefern Verbesserungsmöglichkeiten bestehen. Achten Sie darauf, dass Ihre Rückmeldungen vorrangig das Selbstvertrauen Ihrer Mitarbeiter stärken und Wege aufzeigen, sich persönlich weiterzuentwickeln.

11. Unternehmerisches Denken und Handeln fördern

Als Führungskraft vertreten Sie die Ziele und Belange Ihres Unternehmens. Hierzu gehört, Ihre Mitarbeiter für die Anforderungen im unternehmerischen Handlungsfeld zu sensibilisieren. Dies bedeutet, wirtschaftliches Denken zu fördern und die Eigenverantwortung zu stärken. Sämtliche Leistungen, die im Unternehmen erbracht werden, müssen letztlich dazu beitragen, einen Kundennutzen zu erzeugen. Nur wenn der Kunde eine Leistung für sich als wertvoll erachtet, wird er sich für die Produkte und Dienstleistungen des Unternehmens interessieren.

Zwar sind Ihre Mitarbeiter keine Unternehmer. Aber mit unternehmerischem Handeln ist gemeint, bei der Erledigung der eigenen Aufgaben vorausschauend die Initiative zu ergreifen, um Kundenbedürfnisse zu erkennen und deren Erwartungen besser zu erfüllen. Wer unternehmerisch handelt, denkt aus wirtschaftlicher Perspektive im übergreifenden Interesse des Unternehmens und trägt dafür Sorge, dass die Zufriedenheit der Kunden weiter gesteigert wird.

Als Führungskraft können Sie das unternehmerische Denken und Handeln dadurch fördern, dass Sie Ihren Mitarbeitern eine weitgehende Verantwortung übertragen und große Gestaltungsspielräume einräumen. Dies bedeutet nicht, unangemessen hohe Erwartungen an Ihre Mitarbeiter zu stellen, überhöhte Ziele zu formulieren oder Ihre Mitarbeiter unter Leistungsdruck zu setzen. Sie sollten jedoch Ihre Mitarbeiter dafür gewinnen, vorhandene Freiräume beherzt zu nutzen und gestellte Aufgaben eigenständig zu bearbeiten.

Dabei spielt Ihre eigene, aktive Kommunikation eine große Rolle. Informieren Sie kontinuierlich über die Ziele des Unternehmens und verdeutlichen Sie dabei den Stellenwert der aufeinander bezogenen Einzelleistungen in Ihrer Organisationseinheit. Würdigen Sie engagierte Beiträge Ihrer Mitarbeiter für den gemeinsamen Teamerfolg und verdeutlichen Sie deren Bedeutung für das Unternehmen insgesamt.

Empfehlungen

- Machen Sie Ihren Mitarbeitern bei der Vereinbarung neuer Ziele, Aufgaben und Projekte bewusst, in welchem Grad jeder Einzelne zum Erfolg Ihres Bereiches und des Unternehmens insgesamt beiträgt.
- Erarbeiten Sie gemeinsam mit Ihrem Team, welche Erwartungen Ihre internen oder externen Kunden an Ihre Organisationseinheit herantragen. Besprechen Sie mit jedem Teammitglied, welche Ansatzpunkte in seinem Aufgaben- und Verantwortungsbereich bestehen, um einen erhöhten Kundennutzen zu erzeugen.
- Ermöglichen Sie Ihren Mitarbeitern durch weitreichende Delegation, auch ohne Rücksprache mit Ihnen anstehende Aufgaben zu erledigen. Achten Sie darauf, dass dabei Tätigkeiten, Verantwortung, Entscheidungsbefugnisse und Qualifikationsvoraussetzungen im Einklang stehen.

- Greifen Sie nicht in laufende Team- oder Projektarbeiten ein, wenn die Ziele im Vorfeld gemeinsam vereinbart wurden. Nutzen Sie Meilensteingespräche in überschaubaren Abständen, um sich über den Stand ein Bild zu machen.

Mögliche Barrieren und Widerstände

Unternehmerisch zu denken und sämtliche Aufgaben aus der Perspektive des erzeugten Kundennutzens zu betrachten, kann für manche Mitarbeiter ungewohnt sein. Wenn in der Vergangenheit vor allem die Aufgabenerledigung gemäß einer Stellenbeschreibung im Mittelpunkt stand oder die Vorgesetztenzufriedenheit das ausschlaggebende Kriterium war, dürfte dies die betreffenden Mitarbeiter verunsichern.

Achten Sie darauf, dass unternehmerisches und kundenorientiertes Denken nicht durch Rückdelegationen untergraben wird. Manche Mitarbeiter sind es gewohnt, ihren Chef sicherheitshalber noch einmal zu fragen, erneut Rücksprache zu halten oder ihn um eine weitere Weisung oder Entscheidung zu bitten, bevor sie selbst aktiv werden. Wenn Sie darauf eingehen, kann dies auf Dauer Ihren Zielen entgegenwirken und eine vollzugs- und sicherheitsorientierte Mentalität stärken.

Beweisen Sie, dass Sie Ihren Mitarbeitern vertrauen und es zulassen, wenn ein eigener, abweichender oder ungewohnter Weg eingeschlagen wird. Ihr Team wird wahrscheinlich genau beobachten, wie Sie reagieren, falls vielleicht doch etwas schiefläuft oder das Ergebnis anders ist, als Sie es sich vorgestellt haben. Insofern hängt viel davon ab, dass Sie Ihre Mitarbeiter tatsächlich an der langen Leine laufen lassen. Machen Sie sich bewusst, dass Sie ein Stück Kontrolle abgeben. Schauen Sie dementsprechend stärker darauf, ob ein ernsthaftes, kundenorientiertes Engagement bei Ihren Mitarbeitern zu erkennen ist.

Beispiel aus der Praxis

> ### *Projekt zum Fördern wirtschaftlichen Denkens*
>
> *Sie initiieren ein neues Teamprojekt, um wirtschaftliches und kundenorientiertes Denken weiter zu fördern.*

Gemeinsam mit allen Teammitgliedern entwickeln Sie ein handlungsleitendes Selbstverständnis Ihrer Abteilung, das als Orientierungsgrundlage für Ihre Mitarbeiter dient.

Jeder Mitarbeiter wird dazu vorbereitend gebeten, sich ausgehend von seinem eigenen Aufgabenfeld zu folgenden Fragen Gedanken zu machen.

- Woran wird der erzeugte Kundennutzen bei einzelnen Kerntätigkeiten bzw. im jeweiligen Aufgabenfeld erkannt?
- Welchen Stellenwert hat dabei eine gute Zusammenarbeit im Team?
- Inwiefern entstehen Reibungsverluste im Team oder in der Kooperation mit Nachbarbereichen?
- In welchen Leistungsfeldern gibt es Ansatzpunkte für Qualitätsverbesserungen oder für ein höheres Maß an Kundenorientierung?

- Was kann zu mehr Wirtschaftlichkeit und Kundenzufriedenheit beigetragen werden?

Sie bitten jeden Mitarbeiter, eine Kurzpräsentation für einen Teamworkshop vorzubereiten. In diesem Workshop wird jeder Mitarbeiter aufgefordert, seine Gedanken in einem etwa zehnminütigen Statement vorzustellen.

In einer zweiten Phase des Teamworkshops wird ein Brainstorming durchgeführt: „Was erwarten unsere Kunden von uns und in welchen Leistungsfeldern können wir noch besser werden?" Ihre Mitarbeiter werden gebeten, sämtliche Ideen auf Metaplankarten zu notieren.

Ein Moderator sammelt die Gedanken, bündelt sie thematisch und priorisiert sie gemeinsam mit Ihrem Team. Die drei wichtigsten Leitthemen werden anschließend in Kleingruppen diskutiert. Dabei wird folgendes Schema zugrunde gelegt:

1. Wie erleben wir die Ist-Situation? (Problembeschreibung)
2. Was wollen wir erreichen? (Ziele)
3. Was können wir konkret tun? (Lösungsansätze)
4. Was sind mögliche Hindernisse und offene Fragen? (Barrieren)

Nach eingehender Diskussion im Plenum werden die Ergebnisse zu einer synoptischen Aufstellung zusammengeführt, in der sowohl die Einzelüberlegungen der Teammitglieder als auch die Ergebnisse der Gruppenbesprechung festgehalten sind. Darauf aufbauend wird von einer Projektgruppe ein vorläufiger Aktionsplan entwickelt, der wiederum in einer Teambesprechung gemeinsam ergänzt und verabschiedet wird. Dazu wird in einem Maßnahmenkatalog mit Verantwortlichkeiten und Terminhorizonten festgehalten, was von wem bis wann in Angriff genommen wird.

Als Leiter unterstützen Sie die Umsetzung der Vorhaben und stellen die nötigen Ressourcen zur Verfügung. Sie kümmern sich um nötige Absprachen auf Führungsebene, individuelle Hilfestellungen und zweckmäßige Qualifizierungsmaßnahmen.

Auf den Punkt gebracht

Wirken Sie darauf hin, dass Ihre Mitarbeiter an das Ganze denken und verstehen, dass wirtschaftliches Handeln der langfristigen Existenzsicherung dient. Machen Sie deutlich, dass Kunden Qualität erwarten und serviceorientiertes, kostenbewusstes Handeln würdigen. Sensibilisieren Sie jeden dafür, vorhandene Ressourcen sparsam und wirkungsvoll einzusetzen.

12. Mitarbeiterpotenziale erkennen und Perspektiven aufzeigen

Führung beinhaltet, die Fähigkeiten, Stärken und Entwicklungspotenziale der Mitarbeiter zu erkennen und sie bedarfsgerecht zu fördern. Dies ist kein Selbstzweck, sondern dient dazu sicherzustellen, dass neue Anforderungen vorausschauend erkannt und die Mitarbeiter angemessen auf veränderte Aufgabenstellungen vorbereitet werden. Als Führungskraft sind Sie mit der Schwierigkeit konfrontiert, künftige Entwicklungen in Ihrem Unternehmen oder am Markt nur in Umrissen vorhersehen zu können. Gleichermaßen können Sie nicht genau abschätzen, wie sich einzelne Mitarbeiter unter bestimmten Bedingungen weiterentwickeln.

Ihre Mitarbeiter werden von Ihnen erwarten, dass Sie auf ihre Wünsche zur beruflichen Weiterentwicklung eingehen und sie dabei unterstützen. Aus Unternehmensperspektive ist es wichtig, dass kompetente, qualifizierte und engagierte Mitarbeiter darauf vorbereitet werden, weiterführende Aufgaben zu übernehmen. Dies kann bedeuten, vorhandene Spezialkenntnisse weiter zu verfeinern oder aber neue, ergänzende und komplexere Fähigkeiten aufzubauen.

Nicht alle Mitarbeiter werden Sie langfristig halten können. Es gibt immer auch ein gewisses Maß an Fluktuation und natürlichem Austausch zwischen Unternehmen. Daraus abzuleiten, dass Personalentwicklung nicht sinnvoll oder zu kostenintensiv wäre, da sowieso nicht alle Mitarbeiter an Bord bleiben, wäre aber falsch.

! Konzentrieren Sie sich darauf, sich ein genaues Bild von Ihren Mitarbeitern zu machen und das Ihnen Mögliche zu leisten, damit jeder im Team kontinuierlich vorankommen kann.

Zwar ist eine gezielte Personalentwicklung verstärkt auf solche Mitarbeiter auszurichten, die in einem überschaubaren Zeitrahmen in verantwortungsvolle Schlüsselfunktionen geführt werden können. Dennoch ist es wünschenswert, dass jeder Mitarbeiter im Rahmen seiner Entwicklungsmöglichkeiten individuell von Ihnen unterstützt und begleitet wird. Personalentwicklung muss auch nicht unbedingt teuer sein und mit kostenintensiven Seminaren oder aufwendigen Maßnahmen gekoppelt werden. Auch Sie können individuell beraten und gemeinsam mit jedem Mitarbeiter über geeignete Unterstützungs- und Förderaktivitäten nachdenken.

Der Planungshorizont für vorgesehene Personalentwicklungsmaßnahmen sollte bevorzugt ein bis drei Jahre betragen. Größere Zeiträume sind kaum zu überschauen. Dies gilt auch in Anbetracht der Tatsache, dass die meisten Firmen sich in ständigen Wandlungsprozessen befinden und der Verlauf der Förderaktivitäten im Einzelfall beobachtet werden muss. Konzentrieren Sie sich darauf, Personalentwicklung nicht zu kurzfristig und nur auf unverbundene Einzelaktivitäten auszurichten. Es ist nicht damit getan, lediglich das eine oder andere fachliche oder verhaltensbezogene Seminar zu vereinbaren. Erarbeiten Sie stattdessen abgestimmt auf die individuellen Potenzialfelder ein Gesamtkonzept. Berücksichtigen Sie dabei die Vorschläge der Mitarbeiter.

Empfehlungen

- Besprechen Sie mit jedem Mitarbeiter ausgehend von seinem Tätigkeitsprofil und den spezifischen Anforderungen in seinem Aufgabenfeld, wie die geforderten Kompetenzen, Skills, Erfahrungen und Kenntnisse derzeit ausgeprägt sind.
- Setzen Sie sich auch mit Kompetenzen auseinander, die derzeit brachliegen: Verfügt der Mitarbeiter über fachli-

che, methodische oder persönliche Fähigkeiten, die gegenwärtig nur unzureichend eingesetzt werden können? Überdenken Sie, ob Sie ihm aufgrund dieser Fähigkeiten mittel- bis langfristig erweiterte oder neue Aufgaben übertragen könnten.

- Sensibilisieren Sie Ihre Mitarbeiter frühzeitig für zu erwartende veränderte Anforderungen in ihrem beruflichen Umfeld. Klären Sie im Vorfeld, ob der Betreffende sich in einer bestimmten Funktion unter neuen Vorzeichen überhaupt wohlfühlen würde.
- Erarbeiten Sie mit Ihren Mitarbeitern einen Aktionsplan, um erkanntes Potenzial gezielt zu fördern. Legen Sie Maßnahmen fest, um Lücken zu schließen, Stärken aus- oder neue Fähigkeiten aufzubauen. Vereinbaren Sie einen Maßnahmenplan, der regelmäßig in Coachinggesprächen auf die Umsetzung und nötige Aktualisierung hin überprüft wird.
- Vermeiden Sie es, überhöhte Erwartungen zu erzeugen. Potenziale bei einem Mitarbeiter zu erkennen und einen darauf abgestimmten Personalentwicklungsplan zu entwerfen, darf nicht dazu führen, dass der Mitarbeiter davon ausgeht, automatisch mehr Gehalt oder in naher Zukunft eine höhere Position zu erhalten.

Mögliche Barrieren und Widerstände

Wenn Sie mit einem Mitarbeiter über seine Potenziale sprechen und gemeinsam mit ihm erörtern, wie seine Fähigkeiten ausgebaut oder in neuen Aufgabenfeldern weiterentwickelt werden können, sind Sie u. U. mit verschiedenartigen Schwierigkeiten konfrontiert:

- Ihre Einschätzungen sind subjektiv geprägt und können dementsprechend fehlerhaft sein. Insbesondere wenn Sie über künftige Anforderungen oder verborgene Potenziale nachdenken, haben Sie keine Gewissheit, dass der Mitarbeiter später tatsächlich in der Lage ist, das vermutete Potenzial zu entfalten.
- Selbst wenn Sie einen Mitarbeiter gezielt fördern, kann nicht sichergestellt werden, dass die eingeleiteten Maßnahmen tatsächlich mittel- bis langfristig erfolgreich sein werden. Es kann auch der Fall auftreten, dass der Mitarbeiter neue berufliche Interessen entwickelt oder sich anderweitig orientiert.

Allerdings sollte die Ungewissheit, ob Ihre Einschätzungen zutreffend sind und ob die vorgesehenen Fördermaßnahmen erfolgreich sind, nicht dazu führen, dass Sie Potenzialanalysen ad acta legen. Versuchen Sie stattdessen, Ihre Einschätzungen zusätzlich zu untermauern. Nutzen Sie verschiedenartige Informationsquellen, z. B. Leistungsbewertungen, Verhaltensbeobachtungen, Interviews oder Gespräche mit Dritten, die den Mitarbeiter bisher näher kennengelernt haben. Berücksichtigen Sie Feedbacks von Trainern oder gesammelte Erkenntnisse aus Qualifizierungsmaßnahmen. Setzen Sie sich insbesondere auch mit den Selbsteinschätzungen des Mitarbeiters auseinander und prüfen Sie, in welchen Bereichen Diskrepanzen bestehen: Gibt es Felder, in denen sich der Mitarbeiter über- oder unterschätzt? Passen seine beruflichen Entwicklungsvorstellungen zu seinen Stärken und Potenzialen?

Beispiel aus der Praxis

Entwicklungsgespräch

Sie führen mit einem Mitarbeiter ein persönliches Gespräch zur Potenzialanalyse und Personalentwicklung.

Eines Ihrer Teammitglieder ist seit ca. vier Jahren im Bereich Controlling als Spezialist tätig. Der Betreffende hat bereits früher in einem anderen, kleineren Unternehmen als Sachbearbeiter im Rechnungswesen gearbeitet. Sie haben nun die Position des stellvertretenden Abteilungsleiters zu besetzen und überlegen, ob dieser Mitarbeiter hierfür geeignet sein könnte.

Sie trauen Ihrem Mitarbeiter zu, dass er sich weiterentwickeln könnte. Allerdings sind Sie unsicher, ob er auch Führungspotenzial hat. Darüber hinaus nehmen Sie an, dass Ihr Mitarbeiter noch vertiefte Kenntnisse in komplexeren Feldern seines Fachgebietes benötigt, um den erweiterten Anforderungen in einer neuen Funktion mit zusätzlicher Verantwortung gerecht zu werden.

Das Gespräch mit Ihrem Mitarbeiter, bei dem Sie einzelne Kompetenz- und Anforderungsbereiche gemeinsam mit ihm erörtern, führt zu einer weitgehenden Übereinstimmung von Selbst- und Fremdeinschätzung. Qualifizierungsbedarf erkennen Sie in einzelnen Bereichen des geforderten fachlichen Know-hows (grenzüberschreitendes Finanzmanagement), bei methodischen Kompetenzen, Projektmanagement und Führung. Sie könnten sich vorstellen, dass er die Zielposition mittelfristig übernimmt, halten sich hierzu aber bedeckt und deuten ihm gegenüber verschiedene Entwicklungsmöglichkeiten in Richtung einzelner

Fach- und Führungsaufgaben an. Ihr künftiger Stellvertreter soll zwar nur interimistisch Leitungsaufgaben übernehmen, aber dennoch dazu in der Lage sein, Sie erfolgreich zu vertreten.

Sie entwerfen einen vorläufigen Personalentwicklungsplan und kommen zu der Einschätzung, dass Ihr Mitarbeiter noch mehr Zeit und eine zusätzliche Vorbereitung für die Übernahme einer verantwortlichen Fach- oder Führungsaufgabe benötigt. Sie entschließen sich dazu, die interne Besetzung der Stellvertreterfunktion zu verschieben und Ihren Mitarbeiter im Zeitraum von zwölf Monaten gezielt zu qualifizieren und weiter in der betrieblichen Praxis zu beobachten. Er erklärt sich bereit, in seiner Freizeit einen Zertifikatskursus zum Finanzmanagement für international agierende Unternehmen bei der IHK zu belegen.

Sie stimmen einen Maßnahmenplan mit ihm ab, signalisieren ihm aber gleichzeitig, dass Sie keine neue Position oder gar eine Beförderung in naher Zukunft garantieren können. Spätestens in einem halben Jahr werden Sie sich erneut mit ihm zusammensetzen, um den Verlauf der Aktivitäten zu besprechen.

Auf den Punkt gebracht

Verstehen Sie sich als Begleiter Ihrer Mitarbeiter, um deren Weiterentwicklung zu fördern. Helfen Sie mit, vorhandene Stärken weiter auszubauen. Suchen Sie nach verborgenen Talenten und zeigen Sie persönliche Entwicklungsbereiche auf. Bringen Sie die Anforderungen im jeweiligen Aufgabenfeld mit den individuellen Fähigkeiten und Interessen in Einklang.

13. Bereichsübergreifende Zusammenarbeit fördern

Für das Erreichen Ihrer Ziele als Führungskraft kommt es in starkem Maße darauf an, dass Sie eine angenehme Atmosphäre in Ihrem Team erzeugen und die konstruktive Zusammenarbeit der Mitarbeiter untereinander fördern. Ihr Team ist allerdings keine Insel im Unternehmen: Gerade ein gut abgestimmtes Zusammenspiel mit benachbarten Bereichen, Geschäftseinheiten und Standorten ist von großer Bedeutung für die effektive Wertschöpfung. Ihre Kunden profitieren entscheidend davon, wenn einzelne Abteilungen sich wechselseitig unterstützen und ganzheitlich auf einen verzahnten Prozessablauf hinwirken.

Es reicht nicht aus, den Informationsfluss und die Zusammenarbeit nur innerhalb des eigenen Teams wirkungsvoll zu gestalten. Gerade an den Schnittstellen zu Nachbarbereichen entstehen oftmals Reibungsverluste. Die Gründe hierfür sind beispielsweise zu starkes Ressortdenken, Abschottung nach außen oder unzureichende Kommunikation über die Grenzen der Fachbereiche hinaus.

Es ist vor allem die Aufgabe der Geschäftsleitung, hemmenden Rivalitäten zwischen einzelnen Bereichen entgegenzuwirken und alle Teams für eine gemeinsame kundenorientierte Leistungserbringung zu gewinnen. Aber auch Sie selbst als verantwortliche Führungskraft sind gefordert, von vornherein ein ganzheitliches Denken bei Ihrem Team zu fördern. Dazu gehört, dass Spezialisten unterschiedlicher Fachgebiete aufeinander zugehen, frühzeitig Abstimmungen zu Nachbarbereichen gesucht und Prozesse kontinuierlich im Hinblick auf Verbesserungsmöglichkeiten beleuchtet werden.

Lenken Sie dabei den Blick jedoch nicht nur auf technisch-funktionale Prozessabläufe. Gerade der zwischenmenschliche Aspekt ist häufig von entscheidender Bedeutung, damit die Wertschöpfung weiter verbessert werden kann. Achten Sie in Ihrer Führungsrolle deshalb vor allem auf folgende Aspekte:

- Inwiefern können einzelne Projekt- und Teamarbeiten bereichsübergreifend aufgesetzt bzw. grenzüberschreitende Kooperationsformen und Netzwerke innerhalb des Unternehmens gefördert werden?
- Welche Möglichkeiten bieten IT-gestützte Informations- und Kommunikationssysteme, um den Wissenstransfer im Unternehmen zu unterstützen?
- Wie wirken Sie der Gefahr entgegen, zu sehr auf die eigenen Belange Ihrer Abteilung und Ihres Teams zu achten, statt unternehmensweite Synergien zu erzeugen?

Empfehlungen

- Reagieren Sie nicht mit Vorbehalten, wenn neue Projekte, Prozessteams oder Task-Forces aufgesetzt werden, bei denen Mitarbeiter Ihres Teams einen Beitrag leisten sollen. Wirken Sie im Gegenteil darauf hin, dass neben den Aufgaben Ihrer Abteilung immer auch die unternehmensweiten Anforderungen im Blick behalten werden.

- Leisten Sie einen sichtbaren Beitrag, um übergreifende Innovationsprozesse anzustoßen und das Qualitätsmanagement zu fördern. Setzen Sie sich durch eigenes Beispiel für eine offene Dialog- und Feedbackkultur ein.
- Verdeutlichen Sie Ihren Mitarbeitern, dass Teamdenken nicht an der eigenen Abteilungsgrenze endet. Suchen Sie spontan von Ihrer Seite aus nach neuen Möglichkeiten zur Verbesserung der Kommunikation mit anderen Unternehmenseinheiten.
- Setzen Sie sich dafür ein, dass der Informationsaustausch nicht streng hierarchisch verläuft. Fördern Sie ein Denken, das Ressortegoismen entgegenwirkt.
- Führen Sie in Arbeits- und Projektgruppen Spezialisten unterschiedlicher Disziplinen zusammen, selbst wenn dies anfänglich zu Kommunikationsschwierigkeiten führt.
- Wirken Sie darauf hin, dass in IT-gestützten Managementsystemen und Netzwerken Informationen aus unterschiedlichen Fachbereichen zusammengeführt werden. Fördern Sie den Wissenstransfer durch beispielgebenden Input von Ihrer Seite.

Mögliche Barrieren und Widerstände

Manche Mitarbeiter sind es nicht gewohnt, spontan auf Kolleginnen und Kollegen in Nachbarabteilungen zuzugehen. Gelegentlich tun sich Einzelne auch schwer, in Teams mitzuarbeiten, die bereichsübergreifend zusammengesetzt sind. Dies kann daran liegen, dass in Unternehmen mit einer eher hierarchisch geprägten Aufbauorganisation die

Orientierung am eigenen Vorgesetzten und an der eigenen Abteilung traditionell einen hohen Stellenwert besitzt.

Es kann auch die Sorge bestehen, dass der eigene Vorgesetzte gezeigte Leistungen außerhalb der eigenen Abteilung nicht wahrnimmt oder gar kritisch sieht, da sie nicht unmittelbar seinem eigenen Verantwortungsbereich zugeordnet werden können. Insofern hängt viel davon ab, welche Signale Sie in Ihrer Leitungsrolle an Ihre Mitarbeiter senden. Wenn einzelne Teammitglieder den Eindruck gewinnen, dass die eigenen Aufgaben in der Abteilung wichtiger sind als übergreifende Projektarbeiten, wird dies die Einstellung und Motivation Ihrer Mitarbeiter entsprechend beeinflussen.

Klären Sie am besten ausgehend von Ihren eigenen Personalkapazitäten im Vorfeld, wer in welchem Projekt mitarbeiten kann, ohne dass die Kernaufgaben in Ihrer Abteilung vernachlässigt werden. Behalten Sie stets im Blick, dass abteilungsspezifische Interessen nicht zulasten der Belange des Gesamtunternehmens gehen dürfen.

Beispiel aus der Praxis

Bereichsübergreifende Arbeit fördern

Sie fördern durch aufeinander abgestimmte Maßnahmen die bereichsübergreifende Zusammenarbeit in Ihrem Team.

In einer Abteilungsbesprechung behandeln Sie in einem Tagesordnungspunkt das Thema „Teamauftrag und Unternehmenskultur". Dazu ziehen Sie die in Ihrem Unternehmen vor einiger Zeit erarbeiteten *Leitlinien für Führung, Zusammenarbeit und Kundenorientierung* heran. Sie erörtern mit Ihren Mitarbeitern die dort aufgeführten Leitsätze im Hinblick auf die praktische Umsetzung, z. B.:

- Bedeutung von Projektgruppen und übergreifenden Prozessteams für die Förderung der interdisziplinären Zusammenarbeit
- gesteigerte Kundenorientierung durch vernetzte Leistungserbringung im Unternehmen
- offene Dialog- und Feedbackkultur über Abteilungsgrenzen hinweg

Mit allen Mitarbeitern Ihres Teams führen Sie ein Brainstorming durch, wie die Leitwerte Ihres Hauses und die ausgearbeitete Team-Mission konkret umgesetzt werden können. Dazu bitten Sie jeden Mitarbeiter um inhaltliche Vorschläge. Diese werden wiederum in der nächsten Teambesprechung vorgestellt und im Hinblick auf ihre Praktikabilität bewertet.

Folgende Ideen wurden eingebracht und näher erörtert (Beispiele):

- Schnittstellen-Workshops mit Nachbarbereichen, um Reibungsverluste schnell zu erkennen und zeitnah abzustellen
- stärkere Mitarbeit im Projektlenkungsausschuss und im Change-Team, das den übergreifenden Strategieprozess im Hause nach einer erfolgten Fusionierung begleitet
- stärkere Präsenz und mehr Infos über die Leistungen der eigenen Abteilung im Firmen-Intranet (social network)

- Durchführung eines firmenweiten Informationsmarktes zu aktuellen Projekten im Hause
- Einladung von Vertretern der Nachbarbereiche zu Team- und Arbeitsbesprechungen in der eigenen Abteilung

Sie bewerten die einzelnen Vorschläge und entscheiden gemeinsam mit Ihrem Team, was bis wann umgesetzt werden kann.

Auf den Punkt gebracht

Achten Sie darauf, dass jeder über den eigenen Tellerrand hinausschaut. Verdeutlichen Sie, dass Teamdenken nicht an Abteilungsgrenzen endet. Wirken Sie darauf hin, dass Ihre Mitarbeiter von sich aus auf Kolleg(inn)en in Nachbarbereichen zugehen, um sich abzustimmen. Fördern Sie die Eigeninitiative, um über Hierarchiegrenzen hinweg kundenorientierte Lösungen zu erarbeiten.

14. Innovationen anbahnen und Verbesserungen anstreben

Führung beinhaltet die Anforderung, zur fortlaufenden Steigerung der Wirtschaftlichkeit im eigenen Verantwortungsbereich beizutragen. Vorhandene Abläufe und Strukturen sind immer wieder auf den Prüfstand zu stellen. Das wesentliche Ziel ist dabei, die Kundenzufriedenheit zu erhöhen und darauf hinzuwirken, dass sämtliche Wertschöpfungsprozesse kontinuierlich optimiert werden. Dies ist kein Selbstzweck, sondern eine Notwendigkeit in einem wettbewerbsgeprägten Umfeld, bei dem mehrere konkurrierende Leistungsanbieter um die Gunst der Kunden werben.

Um Ihre Ziele als Führungskraft zu erreichen, reicht es nicht aus, wenn nur Sie selbst nach Verbesserungsmöglichkeiten Ausschau halten. Gleichermaßen kommt es darauf an, dass Sie Ihre Mitarbeiter für die Notwendigkeit von fortlaufenden Innovationen und Qualitätsverbesserungen sensibilisieren. Jeder Einzelne sollte sowohl in seinem eigenen Tätigkeitsbereich nach Chancen für Weiterentwicklungen suchen als auch Anregungen einbringen, was beispielsweise in der Teamarbeit oder in einzelnen Prozessabläufen weiter verbessert werden kann. Dies bedeutet nicht, ständig Kritik zu üben. Vielmehr kommt es darauf an, einzelne Stellschrauben ausfindig zu machen, damit es insgesamt noch besser läuft.

! Wirken Sie der Neigung zum Beharren auf gewohnten Abläufen entgegen, sofern diese nicht mehr produktiv sind. Es darf keine „heiligen Kühe" geben, an denen nicht gerüttelt wird.

Nutzen Sie gerade auch Team- und Abteilungsbesprechungen, um das Nachdenken über zweckmäßige Neuerungen anzuregen. Typische Einstiegsfragen hierzu lauten:

- Welche Abläufe können gestrafft werden und inwiefern können Reibungsverluste verringert werden?
- Wie lässt sich die Qualität in Prozessen, Dienstleistungen oder Produkten steigern, ohne dass zusätzliche Kosten entstehen?

- Wie können bei gleichbleibender Qualität Kosten gesenkt werden?
- Welche neuartigen Leistungen können erbracht werden, die für den Kunden voraussichtlich einen Mehrwert bzw. einen erkennbaren Zusatznutzen bewirken?

Nicht jede neue Idee erfüllt die gestellten Anforderungen. Manche zunächst plausiblen Vorschläge halten einer sorgfältigen Begutachtung der Wirtschaftlichkeit nicht stand. Innovationen ausfindig zu machen ist folglich ein mühsamer Prozess, bei dem viel Energie und Ausdauer nötig ist.

Dies kann für die Beteiligten zermürbend sein und sogar zur Resignation führen. Ermutigen Sie Ihre Mitarbeiter, immer wieder einen neuen Anlauf zu nehmen und nicht lockerzulassen: Nur wer kontinuierlich an der Weiterentwicklung der kundenorientierten Wertschöpfung arbeitet, kann in hart umkämpften Märkten langfristig bestehen.

Empfehlungen

- Schaffen Sie Anreize für die beständige Auseinandersetzung mit Innovationen und Qualitätsverbesserungen. Machen Sie deutlich, dass es für die Bindung anspruchsvoller Kunden nicht ausreicht, nur den Status quo fortzuschreiben. Bitten Sie Ihre Mitarbeiter um Vorschläge, was besser gemacht werden kann.
- Führen Sie regelmäßig Teambesprechungen durch, die bewusst auf die Suche nach Innovationen ausgerichtet sind. Nutzen Sie Techniken wie Brainstorming, Metaplan, Mindmapping oder Ähnliches.

- Legen Sie den Schwerpunkt von vorneherein darauf, dass neue Ideen auch wirtschaftlich sein müssen. Es nützt wenig, ausufernde Überlegungen anzustellen, was alles anders gemacht werden könnte: Zahlt der Kunde dafür? Bringt es dem Unternehmen mehr Effizienz? Werden dabei Kosten gesenkt?
- Regen Sie an, dass nach Verbesserungen nicht nur in der eigenen Abteilung gesucht wird. Gerade in der Zusammenarbeit mit Nachbarbereichen oder angrenzenden Prozessstufen besteht häufig Optimierungspotenzial. Wirken Sie Inseldenken entgegen und suchen Sie gemeinsam mit Ihren Mitarbeitern nach ganzheitlichen, grenzüberschreitenden Lösungsansätzen.

Mögliche Barrieren und Widerstände

Innovationen zu fördern und die Qualität kontinuierlich zu steigern ist eine Gratwanderung: Zum einen kommt es darauf an, Bewährtes fortzuführen, zum anderen sind sämtliche Prozesse kontinuierlich nach Verbesserungsmöglichkeiten auszuloten. Dies beinhaltet mehrere Gefahren, auf die Sie achten sollten:

- Neues ist nicht per se „besser" als Altes. Wenn Sie ständig auf Neuerungen drängen, riskieren Sie, Unsicherheiten und Ängste zu erzeugen. Ihre Mitarbeiter könnten dies auch so wahrnehmen, dass Sie mit den gezeigten Leistungen unzufrieden sind oder ständig alles umkrempeln wollen.
- Bedenken Sie, dass eingespielte Abläufe und die gewonnene Routine gefährdet werden, wenn einzelne

Vorgehensweisen umgestellt werden. Rechnen Sie damit, dass jede Neuerung auch Sand ins Getriebe bringen kann und dazu führt, dass der angestrebte Nutzen oftmals erst mit einer gewissen Verzögerung eintritt.

- Wenn eine defensive Grundhaltung bei einzelnen Mitarbeitern vorherrscht, wird rasch eine selbsterfüllende Prophezeiung ausgelöst: Durch die skeptische Haltung tritt die vermutete Vorhersage ein. Selbst ein Vorschlag mit hohem Innovationspotenzial ist unter diesen Umständen zum Scheitern verurteilt. Fördern Sie den Mut zum Risiko, wenn sich Chancen für einen zusätzlichen Kundennutzen durch eine zweckmäßige Innovation ergeben.
- Manche Mitarbeiter immunisieren sich gegenüber wünschenswerten Veränderungen in ihrem eigenen Verhalten durch abwehrende Formen des Selbstdialogs. Sie scheuen die Anstrengung oder es fehlt ihnen die innere Bereitschaft, ihr Verhalten dauerhaft umzustellen – entweder aus Bequemlichkeit oder weil sie einen zu steinigen Weg vor sich sehen, um erwünschte langfristige Ziele oder Konsequenzen zu erreichen. Der Macht der Gewohnheit sollten Sie jedoch keinen Raum bieten, wenn mehr wirtschaftliches Denken und Handeln gefragt ist.

Beispiel aus der Praxis

Qualitätsverbesserung fördern

Sie fördern die kontinuierliche Qualitätsverbesserung in Ihrer Abteilung.

Ausgehend von einer kürzlich durchgeführten repräsentativen Kundenbefragung haben Sie als „Leiter IT-Kundenservices" eine detaillierte Aufstellung erhalten, welche Verbesserungen sich Ihre Kunden wünschen. Diese beinhaltet Kritik an den bisherigen Dienstleistungen, Gründe für punktuelle Reklamationen und Anregungen und Wünsche Ihrer Kunden.

Die geäußerten Kritikpunkte Ihrer Kunden sind für Sie Anlass, zeitnah mit Ihrem Serviceteam eine Besprechung anzuberaumen. Sie stellen dort die Ergebnisse der Kundenbefragung vor und bitten Ihre Mitarbeiter um Vorschläge, wie zu den einzelnen Kundenwünschen Verbesserungsmöglichkeiten gefunden werden können. Dazu gehen Sie die Kritikpunkte gemeinsam nacheinander durch.

Einige Mitarbeiter zeigen sich überrascht über die Kundenrückmeldungen. Es wird angemerkt, dass aufgrund der knappen Personaldecke und vorhandener Kapazitätsengpässe im eigenen Team gelegentlich nicht alle Kundenwünsche erfüllt werden können. Ihre IT-Experten weisen darauf hin, dass etliche Systemkomponenten an sich schwer beherrschbar und noch nicht in allen Punkten ausgereift sind. Dies seien aber „technik-immanente Probleme", die nichts mit dem Serviceverhalten an sich zu tun hätten.

Sie greifen die Hinweise Ihrer Mitarbeiter auf, appellieren aber dennoch an alle, die Kundenwünsche zu respektieren und baldmöglichst Abhilfe zu schaffen. Sie setzen eine Arbeitsgruppe ein, die innerhalb von 14 Tagen Lösungsansätze zur Steigerung der Kundenzufriedenheit entwickeln soll. Außerdem bitten Sie sämtliche Servicetechniker um eine Vorschlagsliste zu Verbesserungsmöglichkeiten in ihrem eigenen Arbeitsumfeld, ausgehend von deren eigenen Erfahrungen im Kundenkontakt.

Sie prüfen zugleich die Möglichkeiten von Kapazitätserweiterungen und zusätzlichen Ressourcen in gesonderten Gesprächen mit Ihren Vorgesetzten. In einem geplanten Termin mit Ihrem externen IT-Systemlieferanten werden Sie darüber hinaus die technikbezogenen Kritikpunkte erörtern. Sämtliche Kunden, die in den letzten Monaten reklamiert haben, werden durch die zuständigen Servicemitarbeiter gesondert angesprochen, um offene Fragen zu klären. Sie führen ergänzend gemeinsam mit Ihrem Team ein kundenorientiertes Qualitätsmanagementprogramm ein.

Auf den Punkt gebracht

Gewinnen Sie Ihre Mitarbeiter dafür, konsequent nach Verbesserungen Ausschau zu halten. Wenn es gelingt, die Qualität zu steigern, schneller zu werden, Kundenwünsche effektiver zu erfüllen und Ressourcen einzusparen, fördert dies die Wirtschaftlichkeit. Zugleich wirkt sich dies günstig auf die Zufriedenheit und Loyalität Ihrer Kunden aus.

15. Prozesse unter Einbeziehung der Mitarbeiter optimieren

Als Führungskraft wird von Ihnen erwartet, dass Sie zu erbringende Leistungen fortlaufend unter dem Gesichtspunkt der Wirtschaftlichkeit beleuchten. Sensibilisieren Sie

Ihre Mitarbeiter dafür, die durch Ihr Team beeinflussbaren Wertschöpfungsprozesse auf Möglichkeiten zur Verbesserung und Steigerung der Kundenzufriedenheit hin zu betrachten. Dies beinhaltet, auch die Strukturen, Abläufe und Leistungen in Ihrem Verantwortungsbereich von Zeit zu Zeit auf den Prüfstand zu stellen.

Typische Fragestellungen hierzu lauten:

- Welche Prozesse können künftig effektiver organisiert werden?
- Inwiefern ergeben sich in einzelnen Tätigkeitsfeldern Möglichkeiten zur Straffung oder Vereinfachung?
- Wie kann bei gleichbleibenden Kosten mehr Qualität und Kundennutzen erzeugt werden?

Sofern Sie diese Fragestellungen nicht gemeinsam mit Ihrem Team im Blick behalten, riskieren Sie, dass von außen Kritik an Sie herangetragen wird. Sie sind gefordert, von sich aus immer wieder neue Lösungen für eine Steigerung der Wertschöpfung zu liefern. Andernfalls müssen Sie damit rechnen, dass Dritte eingeschaltet werden, um nach Optimierungspotenzialen zu suchen. Dies können beispielsweise Spezialisten für Prozessanalyse oder Unternehmensberater sein, die näher auf Ihre Abteilung und die einzelnen Prozesse schauen. Besser ist es aber, wenn Sie aus Ihrem eigenen Team heraus eigene Beiträge zu mehr Effizienz leisten und kontinuierlich nach Verbesserungsmöglichkeiten Ausschau halten.

Dafür sprechen vor allem folgende Argumente:

- Ihr Team kennt die Prozesse und die Erwartungen Ihrer internen und externen Kunden am besten.

- Im Tagesgeschäft sammeln Ihre Mitarbeiter unmittelbar selbst Erfahrungen, in welchen Feldern ein Prozess nicht mehr rundläuft und deshalb optimiert werden kann.
- Die meisten Ihrer Mitarbeiter möchten ihre Arbeit wahrscheinlich eigenverantwortlich organisieren. Sie haben deshalb ein großes Interesse daran, selbst mitzuwirken, wenn interne Abläufe umgestellt werden sollen.

Je besser es Ihnen gelingt, Ihre Mitarbeiter für ein hohes Maß an wirtschaftlichem Denken und Handeln zu gewinnen, desto größer ist die Wahrscheinlichkeit, dass Sie von sich aus die Effizienz von einzelnen Abläufen weiter steigern können. Sie immunisieren sich damit auch gegenüber möglichen Eingriffen von außen, die unter Umständen bei Ihnen und Ihren Mitarbeitern auf Vorbehalte stoßen. Damit soll nicht zum Ausdruck gebracht werden, dass eine kritische Analyse oder neutrale Betrachtung von Dritten nicht unter bestimmten Bedingungen sinnvoll sein kann. Berücksichtigen Sie jedoch, dass ein Außenstehender viel Zeit braucht, um die Abläufe in Ihrem Verantwortungsbereich zu verstehen.

Vor allem unter dem Blickwinkel der Akzeptanz und der Identifikation mit nötigen Veränderungen ist es zweckmäßiger, wenn Ihre Mitarbeiter hierzu eigene Anregungen entwickeln.

> Bedenken Sie, dass es psychologisch meist am leichtesten fällt, selbst gewonnene Erkenntnisse in die betriebliche Realität umzusetzen.

Empfehlungen

- Führen Sie gemeinsam mit Ihren Mitarbeitern eine Bestandsaufnahme durch, in der Sie die Prozesse in Ihrer Abteilung genau unter die Lupe nehmen. Welcher Rhythmus hierzu sinnvoll ist, entscheiden Sie am besten gemeinsam mit Ihrem Team unter Berücksichtigung der hausinternen Empfehlungen.
- Fertigen Sie eine Übersicht sämtlicher Abläufe und kundenorientierter Leistungen an, aus der hervorgeht, welche Prozesselemente in Ihrer Organisationseinheit funktional einen bestimmten Kundennutzen erzeugen.
- Bitten Sie jeden Einzelnen in Ihrem Team um Anregungen zur Optimierung von Abläufen, auf die er selbst Einfluss hat. Lassen Sie das Team insgesamt die wesentlichen Leistungsprozesse analysieren, z. B. in dafür gesondert anberaumten Teambesprechungen.
- Unterziehen Sie jeden Vorschlag im Nachgang einem kritischen Beurteilungsprozess. Hierzu kann das gesamte Team tätig werden, oder aber Sie beauftragen hierfür eine Arbeitsgruppe oder ein Expertenteam.
- Achten Sie darauf, dass die betroffenen Mitarbeiter selbst mit den vorgeschlagenen Änderungen einverstanden sind. Ansonsten riskieren Sie Blockaden oder Abwehrhaltungen. Lassen Sie bei geäußerten Vorbehalten von den Mitarbeitern Alternativvorschläge entwickeln, die als praktikabel eingestuft werden.
- Stellen Sie sicher, dass gesammelte Anregungen zur Prozessoptimierung nicht dazu führen, dass einzelne Mitarbeiter sich Sorgen um ihren Arbeitsplatz machen.

Schaffen Sie die Voraussetzungen dafür, dass die Mitwirkung Ihrer Mitarbeiter bei der Verschlankung von Abläufen dazu beiträgt, Arbeitsplätze zu erhalten.

Mögliche Barrieren und Widerstände

Es gibt viele Gründe dafür, warum bestimmte Abläufe aufrechterhalten werden, obwohl sie längst nicht mehr effizient oder effektiv sind: Gewohnheit, Bequemlichkeit, mangelnde Selbstkritik, unangemessene Selbstzufriedenheit oder Realitätsverkennung sind Beispiele hierfür. Häufig wird auch versäumt, einen ehemals wirtschaftlichen Prozess auf neue Rahmenbedingungen abzustimmen.

Halten Sie sich selbst und Ihrem Team einen Spiegel vor, um zu erkennen, in welchen Bereichen Handlungsbedarf besteht. Kontraproduktiv wäre es jedoch, wenn Ihre Mitarbeiter dies als verdeckten Angriff gegen sich interpretieren oder das Gefühl entwickeln, dass ihre Leistungen keine angemessene Würdigung erfahren. Einen Prozess zu optimieren bedeutet nicht zwangsläufig, dass er in der Vergangenheit wenig nutzbringend war.

Setzen Sie sich mit eventuell von Ihren Mitarbeitern geäußerten Sorgen und Ängsten ernsthaft auseinander: Ist die Prozessoptimierung nicht doch ein Instrument, um Mitarbeiterressourcen einzusparen? Führt die kontinuierliche Straffung von Prozessen womöglich indirekt dazu, dass mittel- bis langfristig Planstellen eingespart werden? Auf diese sensiblen Fragen sollten Sie nicht mit vorschnellen Antworten reagieren oder die Befürchtungen Ihrer Mitarbeiter bagatellisieren. Zeigen Sie deshalb auf, wie möglicherweise frei werdende Kapazitäten anderweitig sinnvoll genutzt werden können.

Ihre Mitarbeiter für die engagierte Mitwirkung bei Prozessoptimierungen zu gewinnen, setzt Vertrauensbildung und Glaubwürdigkeit von Ihrer Seite voraus. Wenn es in der Vergangenheit im Unternehmen Beispiele für Maßnahmen gab, die Ihren Aussagen entgegenstehen, werden Sie einen schweren Stand haben. Ihre Mitarbeiter benötigen die Gewissheit, dass sie nicht zu ihren eigenen Lasten an strukturellen Veränderungsprozessen mitwirken. Zeigen Sie dabei Chancen zur eigenverantwortlichen Steuerung auf:

- mehr direkte Einflussnahme durch einen aus Ihrem Team gesteuerten und aus der Praxis heraus entwickelten Lösungsansatz
- Herausforderung, eigene Ideen und selbst gesammelte Erkenntnisse unmittelbar umzusetzen und dadurch aus eigener Kraft für mehr Wirtschaftlichkeit zu sorgen
- vorbeugendes Handeln, um frühzeitig gegenzusteuern, sofern sich Fehlentwicklungen andeuten, z. B. Kundenreklamationen

Beispiel aus der Praxis

Suche nach Optimierungsmöglichkeiten

Als Teamleiter Personalwesen beleuchten Sie die Prozesse in Ihrer Abteilung, um Optimierungsmöglichkeiten ausfindig zu machen.

In Ihrem Finanzdienstleistungsunternehmen wird im Rahmen einer strategischen Neuausrichtung bereichsübergreifend nach Ansätzen für eine Effizienzsteigerung gesucht. Nach einer Fusionierung wurden die Geschäftsprozesse neu geordnet. Die Geschäftsleitung erwartet von Ihnen einen Beitrag zur Straffung der Abläufe und zur weiteren Kostensenkung. Ihnen wird zugesichert, dass in Ihrem Verantwortungsbereich für einen überschaubaren Zeitraum keine Personaleinsparungen vorgesehen sind. Eine betriebliche Vereinbarung wurde hierzu mit der Arbeitnehmervertretung bereits abgeschlossen.

Sie erläutern Ihren Mitarbeitern in einer Abteilungsbesprechung die strategischen Zielsetzungen mit Bezug auf die neuen Entwicklungen im Hause. Sie verdeutlichen, dass durch die Neuaufstellung des Unternehmens die Kundenbasis verbreitert wurde und sich neue Ertrags- und Geschäftsperspektiven im internationalen Umfeld ergeben. Es wird insgesamt weiteres Wachstum angestrebt. Sie bitten Ihre Mitarbeiter um aktive Mitwirkung bei dem Vorhaben, die Abläufe in Ihrem Verantwortungsbereich genauer zu untersuchen.

In mehrere Teamsitzungen erarbeiten Sie eine strukturierte Aufstellung der wesentlichen Prozesse und Leistungen in Ihrer Abteilung. Die einzelnen Aktivitäten werden jeweils unter Funktionalitäts- und Kostenaspekten beschrieben.

Sämtliche Mitarbeiter steuern Überlegungen zur Optimierung der Abläufe und Leistungsangebote bei. Dazu bringt jedes Teammitglied eigene Gedanken ein. Durch Interviews mit Verantwortlichen der Schnittstellenabteilungen und eine stichprobenartige Befragung Ihrer internen Kunden werden weitere Anregungen gesammelt. Sie beauftragen darüber hinaus eine Arbeitsgruppe mit der inhaltlichen Ausarbeitung einer zweckmäßigen Vorgehensweise. Ein

Spezialist für Organisation und Ablaufanalyse aus der Abteilung „Betriebsorganisation/IT" berät Ihr Team bei der Durchführung der Analysen.

Alle Vorschläge werden in Teambesprechungen erörtert und im Hinblick auf ihre Praktikabilität bewertet. Einer genaueren Prüfung werden nur solche Maßnahmen unterzogen, die von den unmittelbar im Prozess Beteiligten als sinnvoll eingestuft werden. Die vorgesehenen Maßnahmen werden zunächst pilotiert, um deren Bewährung in der Praxis abzusichern.

Auf den Punkt gebracht

Prozesse zu optimieren, ist eine ständige Herausforderung für jedes Unternehmen, das in einem hart umkämpften Wettbewerbsumfeld agiert. Am besten ist es, wenn Ihre Mitarbeiter selbst mitwirken, um tradierte Abläufe zu hinterfragen und nach Vereinfachungen zu suchen. Stellen Sie gemeinsam mit Ihrem Team die Prozesse in Ihrem Verantwortungsbereich von Zeit zu Zeit auf den Prüfstand.

16. Konflikte frühzeitig erkennen und entschärfen

Selbst in einem guten Team gibt es in der Zusammenarbeit gelegentlich unterschiedliche Meinungen zu möglichen Vorgehensweisen bei einzelnen Problemstellungen. Dies ist sogar erwünscht, denn die Auseinandersetzung mit verschiedenartigen Lösungsansätzen ist eine Voraussetzung dafür, dass jeweils der beste Weg gefunden wird. Oftmals führen unterschiedliche Wege zum Ziel, aber manche Vorgehensweisen sind schlichtweg effektiver, wirtschaftlicher oder entsprechen in höherem Maße den Kundenerwartungen als andere.

Fördern Sie als Führungskraft eine offene Meinungsbildung, bei der divergierende Positionen herausgearbeitet und gemeinsam bewertet werden. !

Leider verlaufen kontroverse Diskussionen nicht immer unter rein sachlichen Gesichtspunkten. Gelegentlich kommen Emotionen, taktische Manöver oder Vorwürfe ins Spiel. Es gibt viele Gründe dafür, warum nötige Klärungen plötzlich nicht mehr nur auf der Sachebene, sondern auf der Beziehungsebene ausgetragen werden.

Sie sind als Führungskraft gefordert, wenn hitzige Auseinandersetzungen überhandnehmen und nicht mehr dem Ringen um die beste Lösung dienen. Sofern Sie beobachten, dass unproduktive Grabenkämpfe ausgetragen werden, persönliche Verletzungen entstehen oder gar der eine den anderen ausbooten will, sollten Sie Einhalt gebieten. Eine faire Streitkultur findet dort ihre Grenzen, wo der Respekt gegenüber dem anderen verloren geht. Selbst bei einem spannungsgeladenen Wortgefecht, in dem divergierende Sichtweisen hart aufeinanderprallen, darf nicht die Situation entstehen, dass Einzelne auf der Strecke bleiben. Ihre Verantwortung besteht folglich darin, auf das Einhalten von Spielregeln eines mit Anstand geführten Disputs zu achten.

Zwar lässt sich nicht immer Konsens finden. Oftmals muss auf einen Kompromiss hingewirkt werden, bei dem alle etwas aufeinander zugehen. Aber es hilft wenig, wenn Gewinner und Verlierer zurückbleiben oder bestimmte Mitarbeiter sich nur gegenüber anderen profilieren wollen. Anhaltende Konflikte führen bei den Mitarbeitern zur Demotivation und bewirken, dass die Konzentration für die Auseinandersetzung mit den wesentlichen Aufgabenstellungen verloren geht.

Unter wirtschaftlichen Gesichtspunkten werden unter Umständen sogar zusätzliche Kosten verursacht, wenn Sie anhaltenden Konflikten nicht entgegenwirken. Das Image Ihrer Abteilung leidet darunter, sofern Dritte auf anhaltende Auseinandersetzungen in Ihrem Team aufmerksam werden. Selbst wenn die Reibereien nicht unmittelbar Sie persönlich betreffen, geraten Sie doch als Führungskraft rasch in die Schusslinie. Tragen Sie deshalb zügig zur Klärung bei und stellen Sie den Zusammenhalt im Team wieder her.

Empfehlungen

- Lassen Sie ernsthafte Konflikte nicht im Verborgenen weiter brodeln. Setzen Sie nicht darauf, dass die Betreffenden sich von selbst einig werden. Sie riskieren, dass persönliche Verletzungen entstehen, die nicht mehr ohne Weiteres ausgeräumt werden können.
- Bitten Sie die Beteiligten zu einem gemeinsamen Gespräch, in dem in ruhiger Atmosphäre die einzelnen Positionen dargestellt werden. Ermuntern Sie die Gesprächspartner, die Sichtweisen des anderen nochmals zu überdenken.

- Ihre Rolle besteht bei der Konfliktbereinigung nicht darin, den besten inhaltlichen Lösungsansatz zu finden, sondern die Streithähne dazu zu bewegen, wieder in einem vernünftigen Ton miteinander zu reden. Moderieren Sie und bahnen Sie durch öffnende Fragen einen konstruktiven Klärungsprozess untereinander an.
- Verhindern Sie, dass Türen zugeschlagen werden. Suchen Sie nach einem gemeinsamen Nenner. Sorgen Sie dafür, dass ein neuer Anlauf genommen wird, um die jeweiligen Sachfragen zu erörtern. Klammern Sie sensible Punkte, die zu heftigen Auseinandersetzungen führen könnten, zunächst aus. Hilft vielleicht ein bereinigendes Gespräch in entspannter, neutraler Atmosphäre außerhalb des unmittelbaren Arbeitsumfelds?
- Wirken Sie nicht zu früh auf einen „halben" Kompromiss hin, der später vielleicht wieder infrage gestellt wird. Legen Sie Wert darauf, dass jeder sich zunächst darum bemüht, die Haltung des Gegenübers zu verstehen. Vorschnelle Einigungsversuche scheitern meist, wenn die Fronten verhärtet sind.
- Wenn Konflikte über ein gewisses Maß hinaus eskalieren, kann es sinnvoll sein, zunächst das Gespräch abzubrechen und zu vertagen, bis die Beteiligten überhaupt wieder in einem sachlichen Ton miteinander reden können. Heftige Emotionen müssen sich erst legen, bevor überhaupt in einer konstruktiven Weise wieder miteinander gesprochen werden kann.

Mögliche Barrieren und Widerstände

Gelegentlich tritt der Fall ein, dass Ihre Bemühungen, auf eine einvernehmliche Entschärfung eines Konfliktes hinzuwirken, zunächst nicht von Erfolg gekrönt sind. Die Konfliktparteien finden anscheinend keinen Weg zueinander und die Fronten bestehen verhärtet weiter. Versuche von Ihrer Seite, ein Aufeinanderzugehen in einem klärenden Gespräch anzubahnen, sind zum Scheitern verurteilt.

In einer solchen Situation stellt sich die Frage, was Sie von Ihrer Seite aus tun können, um die Gesprächspartner zum Einlenken zu bewegen. Wie bewirken Sie, dass die Beteiligten tatsächlich aufeinander zugehen? Bevor Sie sich zu bestimmten Maßnahmen entschließen, ist es sinnvoll, die Gründe für die Verhärtung der Positionen näher zu analysieren.

Bedenken Sie, dass ein unreflektierter Eingriff Ihrerseits mehrere Risiken in sich birgt. Es besteht insbesondere die Gefahr, dass Sie einseitig Partei ergreifen oder überhastet einen Schritt einleiten, den Sie bereuen könnten. Unter Umständen führt ein unüberlegtes Vorgehen nicht zu einer Deeskalation, sondern zu einer Stabilisierung oder Verlagerung der Konflikte. Wenn Sie außerdem selbst in den Konflikt hineingezogen werden, haben Sie kaum noch Möglichkeiten, um von einer übergeordneten Perspektive aus auf eine Einigung hinzuwirken.

Grundsätzlich besteht die Möglichkeit, aufgrund Ihrer Weisungsbefugnisse als Vorgesetzter eine Vorgabe zu machen. Dies kann aber dazu führen, dass Sie eine einseitige Entscheidung treffen, einzelne Mitarbeiter gegen sich aufbringen oder den Konflikt nur scheinbar lösen. Sie erreichen wenig, wenn Sie sich mit bestimmten Teammitgliedern solidarisieren und damit indirekt Position gegen andere beziehen. Einzelne fühlen sich folglich zurückgesetzt und sind frustriert – mit dem Ergebnis, dass Ihr Team womöglich gespalten wird. Dies kann gar zu einer inneren Kündigung bei einzelnen Teammitgliedern führen.

In verfahrenen Situationen kann Ihre Geduld jedoch auch Grenzen haben. Insofern ist nicht auszuschließen, dass Sie irgendwann selbst entscheiden müssen, welcher Weg nun eingeschlagen wird. Versuchen Sie jedoch, bindende Vorgaben von Ihrer Seite eher als letzte Option in einer Konfliktbereinigung zu verstehen. Bedenken Sie die Risiken fehlender Akzeptanz und mögliche negative Auswirkungen auf den Teamgeist, wenn Einzelne sich übergangen fühlen. Setzen Sie lieber auf ein ausdauerndes, aber faires Ringen miteinander und auf eine einvernehmliche Lösung.

Beispiel aus der Praxis

Konfliktentschärfung

Sie möchten einen schwelenden Konflikt, der zwischen Mitgliedern einer Arbeitsgruppe entstanden ist, entschärfen.

In Ihrem Team haben Sie als Leiter Rechnungswesen eine Gruppe von vier Mitarbeitern mit der Bearbeitung einer aktuellen Problemstellung beauftragt. Nach mehreren Besprechungen kristallisieren sich zwei unterschiedliche Sichtweisen heraus.

Dieses Ergebnis ist für Sie an sich nicht überraschend. Es verwundert Sie jedoch, dass offensichtlich Unstimmigkeiten aufgekommen sind und einzelne Mitglieder der Arbeitsgruppe sich gegenseitig lautstark angegriffen haben sollen.

Nachdem Sie eine Nacht darüber geschlafen haben, kommen Sie zu dem Entschluss, am Nachmittag eine Besprechung mit allen Mitgliedern der Arbeitsgruppe einzuberufen. Den Betreffenden teilen Sie mit, dass Sie sich gerne ein Bild über den Diskussionsstand machen möchten. Von den Ihnen zugetragenen Informationen über angebliche Unstimmigkeiten erwähnen Sie nichts.

Sie fordern jeden Einzelnen auf, seine Sicht zu der aktuellen Sachlage darzustellen. Die Gruppenteilnehmer geben nacheinander ein Statement ab, wobei zu erkennen ist, dass sich zwei Lager gebildet haben.

Zwischen den Zeilen ist am gereizten Unterton der Äußerungen Ihrer Mitarbeiter zu erkennen, dass es offensichtlich nicht nur fachliche Differenzen gibt, sondern auch persönliche Animositäten untereinander. Sie deuten vorsichtig Ihren Eindruck an, dass noch etwas unausgesprochen geblieben ist. Diese Äußerung leitet einen Schlagabtausch mit wechselseitigen Vorwürfen ein. Nach einigem Hin und Her unterbrechen Sie das Wortgefecht. Sie bitten bestimmt darum, zu einem ruhigen und sachlichen Ton zurückzufinden.

Im Nachgang zu dieser hitzigen Besprechung entschließen Sie sich zu folgendem Vorgehen:

- Einzelgespräch mit jedem Mitglied der Arbeitsgruppe:
  - vertraulicher Gedankenaustausch, um den persönlichen Standpunkt und die Gründe für den heftigen Disput in der Runde besser zu verstehen

  - eindrückliche Bitte an jeden Einzelnen, auf die anderen zuzugehen und wieder zu einer konstruktiven Gesprächsatmosphäre beizutragen
- Erneutes Gespräch mit allen vier Beteiligten in der Arbeitsgruppe:
  - verbindlicher Appell an alle, die Gruppenarbeit auf der inhaltlichen Ebene sachdienlich fortzuführen
  - Visualisierung der vorgetragenen Positionen auf Flipchart
  - Sammeln von Pro- und Kontra-Argumenten
  - abschließende Bewertung der Argumente, um eine gemeinsam getragene Lösung zu finden
  - Herbeiführen einer Entscheidung zum künftigen Verfahren, sofern die Gruppe nicht von sich aus zu einem einhelligen Votum kommt

Auf den Punkt gebracht

Gelegentliche Konflikte lassen sich nicht vermeiden. Sie können ein Anzeichen dafür sein, dass die Beteiligten engagiert um gute Lösungen für den Kunden ringen. Wenn unterschiedliche Sichtweisen und Mentalitäten aufeinandertreffen, geht dies nicht immer reibungslos vonstatten. Steuern Sie gegen, wenn Konflikte eskalieren und Meinungsverschiedenheiten nicht sachlich geklärt werden.

17. Feedback geben und gezeigte Leistungen anerkennen

Wenn Sie Ihren Mitarbeitern Rückmeldungen geben, vermitteln Sie wichtige Hinweise, wie Sie das jeweilige Verhalten und die erbrachten Leistungen aus Ihrer Sicht bewerten. Setzen Sie das Geben von Feedback deshalb als systematisches Instrument ein, um Ihren Mitarbeitern Anerkennung zu zollen und gleichzeitig eine Richtung aufzuzeigen. Feedback zu geben hat aus dem Blickwinkel Ihrer Führungsrolle verschiedene Funktionen, die Sie berücksichtigen sollten:

- Sie drücken durch Ihr Feedback Ihre Einschätzung aus, ob und inwieweit Sie mit den Leistungen Ihrer Mitarbeiter zufrieden sind.
- Sie lassen erkennen, welche Erwartungen Sie an Ihre Mitarbeiter im Einzelnen richten.
- Sie machen Ihren Mitarbeitern deutlich, dass Sie sich mit deren Verhalten gedanklich näher auseinandersetzen und darauf hinwirken möchten, dass gute Leistungen gezeigt werden.
- Sie geben von Zeit zu Zeit Hinweise, worauf im Tagesgeschäft zu achten ist und was künftig eventuell besser gemacht werden kann.
- Sie fördern Ihre Mitarbeiter durch kontinuierliches Feedback in deren fachlicher und persönlicher Kompetenzentwicklung.

Die wesentliche Voraussetzung dafür, dass Ihr Feedback von Ihren Mitarbeitern tatsächlich angenommen wird, ist ein Vertrauensverhältnis untereinander. Fehlt dieses Vertrauensverhältnis, kann selbst ein gut gemeintes Feedback sein Ziel verfehlen.

Beispiel für ein Missverständnis

Betrachten Sie folgendes Beispiel: Sie äußern gegenüber einem Mitarbeiter spontan „Das haben Sie aber gut gemacht." Zu Ihrer Überraschung reagiert Ihr Mitarbeiter irritiert und nimmt Ihre durchaus wohlwollend gedachte Rückmeldung anders auf als Sie es vermutet haben.

Ihr Mitarbeiter denkt womöglich: „Warum lobt er mich? Das hat er bisher nie gemacht." Oder: „Das war doch eine leichte Aufgabe. Traut mein Chef mir nicht mehr zu?" Oder: „Warum lobt er ausgerechnet mich? Das macht er bei den anderen auch nicht. Meint er, er müsste mich zusätzlich anspornen?"

Ihr Mitarbeiter vermutet im Beispielsfall, dass Ihre geäußerten Worte nicht mit der tatsächlichen Botschaft übereinstimmen. Das von Ihnen geäußerte Feedback verfehlt folglich seine Wirkung. Auch bei kritischen Rückmeldungen oder bei gut gemeinten Verbesserungsvorschlägen kann es zu unerwünschten Nebeneffekten kommen: Ein Mitarbeiter fühlt sich persönlich angegriffen oder hat den Eindruck, dass Sie mit seinen Leistungen unzufrieden sind. Der Betreffende vermutet, dass Sie ihn in eine bestimmte Richtung lenken wollen, und reagiert mit innerem Widerstand.

Seien Sie deshalb vorsichtig, wenn Sie Mitarbeitern Feedback geben, die Sie noch nicht so gut kennen, oder falls Sie Anhaltspunkte dafür haben, dass es auf der Beziehungsebene Irritationen geben könnte. Verzichten Sie insbesondere darauf, Rückmeldungen zu geben, wenn Dritte anwesend sind. Dies wird Ihnen leicht so ausgelegt, dass Sie Mitarbeiter untereinander vergleichen. Einzelne fühlen sich womöglich zurückgesetzt oder vermuten, dass Sie gar eine Wettbewerbssituation untereinander herbeiführen wollen. Rechnen Sie bei einem noch nicht so ausgeprägten Vertrauensverhältnis damit, dass die Botschaften, die Sie als „Sender" an Ihre Mitarbeiter richten, beim jeweiligen „Empfänger" anders ankommen als Sie es beabsichtigt haben. Achten Sie auf das Naturell Ihres Gegenübers, die jeweilige Situation und eine sachlich klare Wortwahl.

! Bedenken Sie beim Feedbackgeben Ihr Verhältnis zum entsprechenden Mitarbeiter und dessen mögliche Reaktionen. Vermeiden Sie es, persönliche Rückmeldungen in Anwesenheit Dritter zu geben.

Durch aussagefähiges Feedback, das Sie beispielsweise in Coaching-Gesprächen persönlich und einfühlsam gegenüber den Betreffenden äußern, können Sie das Vertrauensverhältnis weiter vertiefen. Ihre Mitarbeiter erkennen so, dass Sie daran interessiert sind, ein gutes Einvernehmen herzustellen und Rückmeldungen zum beiderseitigen Nutzen zu geben. Sie machen deutlich, dass Sie individuelle Leistungsbeiträge würdigen und gemeinsam daran arbeiten, Optimierungsmöglichkeiten ausfindig zu machen. Im Mittelpunkt stehen deshalb nicht nur die Leistungen an sich: Gerade die fachliche und persönliche Weiterentwicklung Ihrer Mitarbeiter durch weiterführendes Lernen anhand gesammelter Erfahrungen sollte gefördert werden.

Empfehlungen

- Geben Sie Feedback persönlich und verhaltensbezogen in unmittelbarem Bezug zur jeweiligen Situation. Zeigen Sie auf, welche Verhaltens- und Leistungsbeiträge aus Ihrer Sicht den gestellten Anforderungen entsprechen. Würdigen Sie die gezeigte Einsatzbereitschaft, auch wenn etwas nicht nach Plan läuft. Gelegentlich können widrige Umstände dazu führen, dass Ziele verfehlt werden, obwohl der Mitarbeiter sein Bestes gegeben hat.
- Gehen Sie vorsichtig mit Kritik um. Vermeiden Sie Botschaften, die persönlich als Abwertung oder Verletzung interpretiert werden könnten. Nehmen Sie Bezug auf Fakten, z. B. eingehende Kundeneinschätzungen oder objektive Bewertungskriterien, um Missverständnisse zu vermeiden. Zeigen Sie unmittelbar auf, was in Zukunft verbessert werden kann. Bitten Sie auch den Mitarbeiter um eigene Vorschläge zum künftigen Vorgehen, wenn eine Aufgabe beispielsweise nicht so erledigt wurde, wie es wünschenswert ist. Analysieren Sie gemeinsam die Gründe für Zielverfehlungen.
- Zeigen Sie bei Ihrem Feedback Auswirkungen auf Dritte auf, sofern dies das Verständnis Ihrer Botschaften fördert. Wenn das Verhalten Ihres Mitarbeiters positive Reaktionen Ihrer Kunden ausgelöst hat, ist dies ein aussagefähiges Indiz dafür, dass er einen guten Job macht. Umgekehrt können Reklamationen von Kunden Anlass geben, über das jeweilige Verhalten, z. B. das Gesprächsverhalten eines Serviceberaters im Kundenkontakt, nachzudenken. Die Kritik eines Kunden kann aber

vielfältige Gründe haben, die ein einzelner Mitarbeiter nicht unbedingt zu verantworten hat.

- Wenn Sie eine systematische Bewertung von Leistungen vornehmen, sollten Ihre Rückmeldungen vom jeweiligen Mitarbeiter gut nachvollzogen werden können. Nehmen Sie als Beispiel die Bewertung von Fähigkeiten und Skills, die für die Ausübung einzelner Aufgaben nötig sind. Nutzen Sie dazu anschauliche Merkmalsbeschreibungen oder metrische Einstufungsskalen, anhand derer Sie eine abgestufte Bewertung vornehmen können. Erläutern Sie Ihre Einschätzungen mit eigenen Worten und anhand von plausiblen Beispielen mit Bezug zum Tagesgeschäft. Verzichten Sie auf Schulnoten, die den Eindruck erwecken könnten, dass Sie den Mitarbeiter oberlehrerhaft wie einen Schüler behandeln. Zeigen Sie stattdessen auf, inwiefern Abweichungen im Soll-Ist-Vergleich vorliegen. Interpretieren Sie feststellbare Lücken nicht als Schwächen der Person, sondern als Ansatzpunkte für weitere Verbesserungen und fachliche Weiterentwicklung.

- Geben Sie Ihren Mitarbeitern die Gelegenheit zur Selbsteinschätzung. Fragen Sie unmittelbar danach, wie die Betreffenden sich selbst bewerten und wie sie die Art der gezeigten Verhaltensweisen und Leistungen in Bezug auf die jeweiligen Anforderungen interpretieren. Räumen Sie Ihren Mitarbeitern die Möglichkeit ein, sich zuerst zu äußern, bevor Sie Ihre eigene Sichtweise ergänzen. Dies hat zugleich den Vorteil, dass Sie erkennen, ob der jeweilige Mitarbeiter seine Leistungen realistisch bewertet.

- Verstehen Sie Feedback als Chance, das Vertrauensverhältnis weiter zu vertiefen. Es nützt Ihnen wenig, wenn Sie Rückmeldungen geben, die unter Umständen zwar zutreffend sind, aber Ihre Mitarbeiter demotivieren. Wenn Sie beispielsweise äußern, dass die Leistungen nicht vollständig den Erwartungen entsprachen, kann dies Frustrationen auslösen. Manche Mitarbeiter sehen dies vielleicht gelassen und hören gerne gelegentlich kritische Rückmeldungen, da sie in hohem Maße intrinsisch motiviert, selbstbewusst und von ihrer eigenen Leistungsfähigkeit überzeugt sind. Andere Mitarbeiter wiederum reagieren irritiert, wenn ihr Vorgesetzter auch nur die leiseste Kritik äußert. Achten Sie deshalb darauf, wem Sie welche Rückmeldungen geben. Versuchen Sie, durch Feedback zu motivieren. Stellen Sie sicher, dass Ihr Feedback nicht als persönlicher Angriff gewertet wird.

Mögliche Barrieren und Widerstände

Gelegentlich dient ein Feedback dazu, Ihren Mitarbeitern den Hinweis zu geben, dass eine Verhaltensänderung erwünscht ist oder eine Verbesserungsmöglichkeit besteht, um beispielsweise die Kundenorientierung zu steigern. Falls ein Mitarbeiter das Feedback aber nicht annimmt oder nicht in der von Ihnen erwarteten Weise reagiert, kann dies unterschiedliche Gründe haben: Unter Umständen ist Ihre Rückmeldung nicht präzise genug oder zeigt keine ausreichenden Optimierungsmöglichkeiten auf. In diesem Fall ist es Ihre Aufgabe, sich klarer mit Bezug zum erwünschten Verhalten zu äußern.

Meist ist es sinnvoll, dass Sie den Mitarbeiter selbst darum bitten, eigene Ideen und Vorschläge zu entwickeln. Dies fördert die Selbstreflexion, das eigenständige Gewinnen neuer Erkenntnisse und das Lernen aus gesammelten Erfahrungen. Sie vermeiden dadurch auch den Effekt, dass Ihr Mitarbeiter Ihre Hinweise als Ratschläge „von oben" interpretiert oder sich bevormundet fühlt.

Die Selbsteinsicht können Sie durch offene Fragen der folgenden Art fördern:

- „Was meinen Sie, wie künftig vorgegangen werden könnte?"
- „Sehen Sie von Ihrer Seite aus Ansatzpunkte, um die Erwartungen unserer Kunden noch besser zu erfüllen?"
- „Was regen Sie an, damit die Ziele künftig noch besser erreicht werden?"
- „Haben Sie Vorschläge, wie ich Sie besser dabei unterstützen kann, damit das von unserem Kunden erwünschte Ergebnis eintritt?"

! Machen Sie von Ihrer Seite deutlich, dass Sie gerne durch Beratung, weiterführende Hilfestellung oder klärende Gespräche dazu beitragen, dass Schwachpunkte abgestellt werden oder eingeleitete Maßnahmen erfolgreicher verlaufen.

Klären Sie die Gründe, falls Sie den Eindruck gewinnen, dass Ihr Mitarbeiter ein wohlwollend gemeintes Feedback mit der Bitte um Verhaltensänderung nicht annimmt. Führen Sie vertrauensvoll ein gesondertes Gespräch mit ihm, um herauszufinden, welche Beweggründe hierfür maßgebend sind: Fühlt er sich überfordert? Hat er den Eindruck, dass Sie ihn unangemessen kritisieren? Ist er der Auffassung, dass von seiner Seite kein Anlass für eine Verhaltensänderung besteht?

Bemühen Sie sich darum, einen Konsens herzustellen und einen gemeinsamen Weg zu finden. Bringen Sie Ihre Sichtweise klar zum Ausdruck, ohne ihren Mitarbeiter persönlich anzugreifen. Erläutern Sie beispielsweise Ihre Erwartungen zu einer Verhaltensänderung und machen Sie diese an nachvollziehbaren Anforderungen oder Fakten fest. Weisen Sie ihn darauf hin, was Ihre Kunden erwarten. Bitten Sie ihn darum, sein eigenes Verhalten zu überprüfen, um noch kundenorientierter zu handeln.

Gewähren Sie dem jeweiligen Mitarbeiter Zeit, um sein eigenes Vorgehen mit etwas Abstand zu überdenken und sich selbstkritisch zu hinterfragen. Setzen Sie darauf, dass er später eigene Ideen und Vorschläge beisteuert. Falls Ihr Bemühen scheitert, können Sie ihm Empfehlungen zu Verhaltensänderungen geben, an die er sich verbindlich zu halten hat. Eine solche Weisung ist aber eher eine Ultima Ratio. Besser ist es, wenn der Mitarbeiter von sich aus erkennt, dass Handlungsbedarf besteht, und sein Verhalten aus eigener Einsicht heraus ändert.

Beispiel aus der Praxis

Vorstandsauftrag für einen Mitarbeiter

Sie haben als Leiter Revision Ihren Mitarbeiter darum gebeten, einen Prüfbericht für einen Unternehmensbereich Ihrer

Bank zu erstellen. Der Vorstand hat im Vorfeld hierzu den Auftrag formuliert, einzelne Geschäftsvorgänge in einer Kreditabteilung auf kaufmännisch korrekte Durchführung zu überprüfen.

Ihr Mitarbeiter hat Ihnen nun nach einigen Wochen den Prüfbericht vorgelegt. Nachdem Sie ihn durchgesehen haben, führen Sie eine Besprechung mit ihm durch. Ihr Gesamteindruck ist, dass der Bericht im Wesentlichen gemäß den gestellten Anforderungen abgefasst wurde. Aus Ihrer Sicht besteht aber Änderungsbedarf in einigen Aspekten.

Im Rückmeldungsgespräch eröffnen Sie den Gedankenaustausch mit den Worten, dass Sie sich für die zügige und detaillierte Ausarbeitung bedanken. Sie erläutern, dass Sie gerne gemeinsam mit ihm noch einige Überarbeitungen vornehmen möchten. Dabei verweisen Sie auf die Erwartungen des Vorstandes. Sie erläutern, dass in einer anstehenden Präsentation sowohl ein Vorstandsmitglied als auch ein Vertreter des zu prüfenden Unternehmensbereiches anwesend sein werden. Damit unterstreichen Sie zugleich den besonderen Stellenwert des Prüfberichtes.

Ihr Mitarbeiter gibt Ihnen gegenüber an, dass er den Prüfbericht nach bestem Wissen und Gewissen angefertigt hat und der Auffassung ist, darin die wesentlichen Erkenntnisse zusammenfasst zu haben. Er zeigt sich jedoch aufgeschlossen, Ihre Anregungen anzunehmen. Sie gehen daraufhin den Bericht mit ihm durch und besprechen Passagen, die Ihres Erachtens umformuliert werden sollten. In einzelnen Fällen hat Ihr Mitarbeiter allerdings Bedenken, die er Ihnen näher erläutert. Sie zeigen sich selbstkritisch und akzeptieren die durchaus nachvollziehbaren Gegenargumente Ihres erfahrenen Revisors.

Abschließend bitten Sie Ihren Mitarbeiter um eine Überarbeitung gemäß dem erzielten Besprechungsergebnis. Hierzu erklärt er sich gerne bereit. Sie haben den Eindruck, dass die Besprechung konstruktiv verlaufen ist. Sie würdigen in den abschließenden Worten ausdrücklich seine inhaltlich überzeugende Ausarbeitung und bedanken sich bei ihm für seinen Einsatz. Sie sind zuversichtlich, dass die anstehende Präsentation positiv verlaufen wird.

Auf den Punkt gebracht

Geben Sie Ihren Mitarbeitern zeitnah eine Rückmeldung, wie Sie deren Leistung einschätzen. Besprechen Sie hierzu einzelne Arbeitsergebnisse. Gleichen Sie die Sicht Ihrer Mitarbeiter mit Ihrer eigenen Sicht ab. Beziehen Sie die Wahrnehmung von Kunden ein, um ein abgerundetes Bild zu erhalten. Geben Sie Feedback so, dass es Ihre Mitarbeiter motiviert und Verbesserungen fördert.

18. Veränderungsprozesse anstoßen und steuern

Als Führungskraft sind Sie gehalten, vorausschauend zu denken und auf die zukunftsgerichtete Weiterentwicklung Ihrer Unternehmenseinheit hinzuwirken. Ausgehend von der übergreifenden Unternehmensstrategie und neuen Bedingungen im Markt-, Kunden- oder Wettbewerbsumfeld kann sich die Notwendigkeit ergeben, strukturelle

Veränderungen einzuleiten. Der daraus resultierende Handlungsbedarf kann sowohl das ganze Unternehmen als auch nur einzelne Teilbereiche, zu denen beispielsweise Ihr Team gehört, betreffen. Für Sie ergibt sich die Herausforderung, Ihren Verantwortungsbereich „neu aufzustellen", um sich besser an die aktuellen Umfeldbedingungen anzupassen.

Der Schwerpunkt eines Veränderungsprozesses besteht oftmals darin, die Aufbau- und Ablauforganisation anzupassen sowie die einzelnen Wertschöpfungsprozesse neu zu organisieren. Aber auch die Arbeitsformen im Team, insbesondere die interne Zusammenarbeit und Kommunikation sowie die Unternehmenskultur, können gleichermaßen im Mittelpunkt stehen.

Es gibt verschiedenartige Anlässe, die einen übergreifenden Veränderungsprozess zweckmäßig erscheinen lassen. Wesentlich ist, dass die gewünschten Veränderungen Anstrengungen von allen Beteiligten im Unternehmen erfordern, damit die Ziele erreicht werden. Das Change Management ist meist nicht auf einzelne Bereiche, Abteilungen oder Teams beschränkt. Aufgrund der vielfältigen Abhängigkeiten untereinander und der besonderen Tragweite haben sämtliche Unternehmensbereiche zum Gelingen beizutragen. Gerade für die Führungskräfte stellen sich besondere Kommunikationsanforderungen, damit die angestrebten Umstellungen erfolgreich gemeistert werden und alle an einem Strang ziehen.

Auf der unternehmenskulturellen Ebene ergeben sich vielfältige Herausforderungen, wenn einzelne Teams und Leistungseinheiten in einer neuartigen Form für mehr Wertschöpfung Sorge tragen sollen:

- Einleiten eines mentalen Wandels hin zu mehr bereichsübergreifendem Denken und verstärkter Kundenorientierung
- ganzheitliches Denken, das nicht an Abteilungs- und Bereichsgrenzen haltmachen darf, um mehr Kundenorientierung zu ermöglichen
- Schaffen einer inneren Einheit im Unternehmen durch stärkere Identifikation mit den gemeinsam getragenen Zielen
- Weiterentwicklung der Unternehmenskultur mit dem Ziel, das Teamdenken zu fördern und die Dialog- und Feedbackorientierung auszubauen

Weitreichende Veränderungen zielgerichtet zu gestalten, erfordert von Ihnen als Führungskraft, den mentalen Wandel in Ihrem eigenen Team zu steuern. Dies beinhaltet, alle Mitarbeiter für die neuen Anforderungen zu sensibilisieren. Wenn Sie sich als proaktiver „Change-Manager" und „Change-Agent" verstehen, bedeutet dies, tradierte Strukturen und Abläufe bewusst infrage zu stellen. Sie müssen vor allem Ihre eigenen Mitarbeiter dafür gewinnen, nicht abwartend zu reagieren. Wirken Sie selbst durch aktive Information und gezielte Kommunikation darauf hin, dass Ihr Team einen couragierten Beitrag für den übergreifenden Veränderungsprozess leistet.

Empfehlungen

- Setzen Sie sich intensiv mit den neuen Vorzeichen im Veränderungsprozess auseinander. Klären Sie Ihre eigene Rolle, Ihre neue Verantwortung und die Zielsetzungen mit Bezug zu Ihrem eigenen Team. Wirken Sie am besten aktiv im Change-Management-Team bzw. der verantwortlichen Steuergruppe mit, um die Richtung des Veränderungsvorhabens mitzubestimmen. Vermeiden Sie es, eine zögerliche Haltung an den Tag zu legen. Lassen Sie nicht den Eindruck entstehen, dass Sie als Bedenkenträger den Veränderungsprozess im eigenen Bereich nicht genügend vorantreiben wollen.

- Verdeutlichen Sie Ihrem Team den hohen Stellenwert des Vorhabens. Machen Sie deutlich, dass jeder einen Beitrag leisten sollte und Abwarten fehl am Platze ist. Dies bedeutet nicht, dass unkritisch alles mitgetragen werden muss, was an Vorschlägen auf den Tisch kommt. Aber jeder sollte im Rahmen seiner Möglichkeiten mitwirken, um einen persönlichen Beitrag zum Gelingen des übergreifenden Change-Prozesses zu leisten.
- Setzen Sie sich dafür ein, dass mögliche Vorbehalte Ihrer Mitarbeiter frühzeitig entkräftet werden. Wenn die Sorge besteht, dass das Veränderungsvorhaben zum eigenen Nachteil gereicht oder gar Angst vor Arbeitsplatzverlust besteht, ist ein beherztes Mitwirken Ihres Teams kaum zu erwarten. Zeigen Sie Chancen des Change-Prozesses auf. Wirken Sie im Führungskreis darauf hin, dass eine gemeinsame Linie gefunden wird, um die Identifikation der Mitarbeiter mit den Veränderungszielen zu stärken.
- Suchen Sie nach geeigneten Einsatzfeldern, damit Ihre eigenen Mitarbeiter im Veränderungsprozess unmittelbar mitwirken können. Wird in Ihrem Unternehmen ein Team von Change-Agents aufgebaut? Gibt es ein Change-

Network, das abteilungsübergreifend organisiert ist? Arbeiten einzelne Prozessteams an Grundsatzfragen im Bereich Kommunikation, Information, Kundenorientierung und Effizienz? Binden Sie Ihre Mitarbeiter so weit wie möglich in Arbeitsgruppen und Netzwerke ein. Dies fördert zugleich das Verständnis für Änderungsnotwendigkeiten und die Akzeptanz für einzuleitende Maßnahmen. Setzen Sie darauf, dass Ihre Mitarbeiter sich stärker engagieren, wenn sie selbst den einzuschlagenden Kurs festlegen können.

- Sorgen Sie für erste Erfolgserlebnisse und informieren Sie auch über kleine Fortschritte. In einem Veränderungsprozess gibt es oftmals Rückschläge und die Befürchtung, dass das Gesamtvorhaben doch noch scheitern könnte. Zeigen Sie anhand von anschaulichen Beispielen auf, dass sich der Einsatz lohnt und von Kunden positives Feedback zu den Bemühungen Ihres Teams eingeht.

Mögliche Barrieren und Widerstände

Veränderungsprozesse werden oftmals von Mitarbeitern zunächst nicht als Herausforderung, sondern als Bedrohung erlebt. Es entsteht der Eindruck, dass Bewährtes infrage gestellt wird sowie eingespielte und bewährte Verhaltensmuster plötzlich kritisch gesehen werden. Oftmals sind Äußerungen mit folgender Botschaft zu hören:

- „Warum soll jetzt alles anders werden? Bisher hat es doch auch geklappt."

- „Schon wieder etwas Neues, das hatten wir doch schon."
- „Erst mal abwarten, was die anderen machen."
- „Das verursacht nur unnötigen Aufwand. Das können wir uns eigentlich sparen."

Geäußerte Vorbehalte von Einzelnen können dem Änderungsvorhaben in starkem Maße entgegenwirken. Wenn sich Meinungsführer unter der Hand kritisch zu den Absichten des Change-Prozesses äußern, wird die erfolgreiche Umsetzung deutlich erschwert.

Ist dann noch eine Durststrecke zu überwinden oder bleiben gewünschte Erfolge vorerst aus, kann die Stimmung leicht umschlagen: Es werden plötzlich nur noch die Gefahren und möglichen Nachteile des Änderungsvorhabens hervorgehoben. Dadurch entsteht rasch eine selbsterfüllende Prophezeiung.

Beziehen Sie in einer solchen Situation selbst klar Position. Vertreten Sie die Veränderungsabsichten nicht halbherzig, sondern treten Sie bestimmt für die Ziele ein, die Sie als vernünftig erachten. Machen Sie Ihren Mitarbeitern in schwierigen und möglicherweise krisenhaften Phasen deutlich, dass Sie vom Erfolg überzeugt sind. Werben Sie dafür, am Ball zu bleiben.

Gehen Sie in sich, sofern bei Ihnen selbst Zweifel am eingeschlagenen Kurs aufkommen. Wenn der Eindruck entsteht, dass Sie nicht vom Gelingen des Vorhabens überzeugt sind, werden Sie kaum überzeugend als Botschafter für die neue Richtung agieren können. Es ist von entscheidender Bedeutung, dass Sie die angestrebte Richtung glaubhaft vertreten und frühzeitig gegensteuern, sofern sich eine gewisse Skepsis einstellt:

- Suchen Sie das Gespräch im Führungskreis und mit Ihren Vorgesetzten: Sind wir noch auf Kurs? Müssen eventuell einzelne Ziele justiert werden? Was spricht dafür, konsequent am eingeschlagenen Weg festzuhalten?
- Welche angestrebten Meilensteine und Erfolge zeigen an, dass der gewählte Weg doch der richtige ist?
- Was erwarten unsere Kunden von uns? Welche Notwendigkeiten ergeben sich aus der aktuellen Markt- und Wettbewerbssituation?

> Wenn Sie Überzeugungsarbeit in Ihrem eigenen Team leisten wollen, müssen Sie selbst vom Nutzen des übergreifenden Veränderungsprozesses überzeugt sein. Bekennen Sie sich zweifelsfrei zur Sinnhaftigkeit des Vorhabens.

!

Untermauern Sie Ihre Position durch Argumente, die für Ihre Mitarbeiter nachvollziehbar sind. Setzen Sie sich aber gleichermaßen für eventuell nötige Kurskorrekturen ein, sofern dies Ihrer inneren Überzeugung entspricht. Warten Sie nicht ab, bis so viel Sand im Getriebe ist, dass es nicht mehr vorwärts geht.

Leisten Sie Ihren Beitrag, damit auf der Führungsebene an einem Strang gezogen wird. Nur wenn die Führungsmannschaft vom Sinn der Change-Anstrengungen überzeugt ist, können auch schwierige Phasen im Veränderungsprozess gemeistert werden. Eine einheitliche Kommunikation nach innen ist eine wesentliche Voraussetzung dafür, dass die Botschaften gegenüber allen Mitarbeitern verständlich gemacht werden.

Beispiel aus der Praxis

Eine Bank – zwei Kulturen

Sie sind als Leiter des Großkundengeschäftes mit der Situation konfrontiert, dass Ihre Bank vor einem knappen Jahr mit einem anderen Institut fusioniert wurde. Die früher eigenständigen Banken hatten unterschiedliche Geschäftsfelder und Kundenstrukturen. Durch die Fusionierung wurde die Marktstellung Ihres Instituts nun erheblich gestärkt. Allerdings sind die Mitarbeiter durch unterschiedliche Unternehmenskulturen geprägt worden. Während die eine Institution eher privatwirtschaftlich ausgerichtet war, ist die andere Bank stärker als Verwaltungseinrichtung gesteuert worden. Nun kommt es darauf an, die verschiedenartigen Mentalitäten zusammenzuführen und für kundenorientierte Strukturen und Abläufe zu sorgen. Die Geschäftsleitung will darauf hinwirken, dass an einem gemeinsamen Strang gezogen wird.

Ihr Team mit ca. sieben Mitarbeitern ist vertrieblich organisiert und hat aufgrund der neuen Bankstruktur einen veränderten Kundenstamm und eine neue regionale Zuordnung erhalten. Sie wollen in den nächsten Monaten erreichen, dass verstärkt gerade das Zusammenspiel mit den Schnittstellenbereichen – d. h. Bonitätsprüfung, interne Abwicklung und Rechnungswesen – auf die veränderten Randbedingungen abgestimmt wird.

Gemeinsam mit Ihrem Team ergreifen Sie folgende Maßnahmen:

- Entwicklung einer neuen Team-Mission auf der Grundlage der unternehmensweit verabschiedeten Grundsätze für Führung und Zusammenarbeit
- Mitwirkung Ihrer Mitarbeiter im Change-Team und in einzelnen Arbeitsgruppen, die sich mit der Verbesserung der internen Kommunikation und der Weiterentwicklung der Unternehmenskultur nach der Fusionierung befassen
- Teamtraining „Vertrieb/Vertrag", um die Zusammenarbeit zwischen den direkt kooperierenden Einheiten weiter voranzubringen
- Einführung eines regelmäßigen Tagesordnungspunktes „Status Veränderungsmanagement" in Ihren Abteilungsbesprechungen
- Entwicklung von Ideen zur verstärkten Verfolgung der Change-Ziele aus Ihrem eigenes Team heraus
- Analyse der kundenorientierten Leistungsprozesse in Ihrem Team, insbesondere Herausarbeiten von neuen Ansätzen für gesteigerte Wertschöpfungsbeiträge.
- individuelle Mitarbeitergespräche zur näheren Klärung, welche persönlichen Beiträge jedes Teammitglied leisten kann, um das übergreifende Veränderungsvorhaben zu unterstützen

Auf den Punkt gebracht

Setzen Sie sich dafür ein, dass notwendige Veränderungen zügig umgesetzt werden. Respektieren Sie dabei mögliche Ängste und Befürchtungen Ihrer Mitarbeiter. Gehen Sie nicht über geäußerte Bedenken und Vorbehalte hinweg. Beziehen Sie Ihr Team unmittelbar ein, um das Vorgehen bei anstehenden Umstellungen abzusprechen und die Akzeptanz für nötige Schritte zu steigern.

19. Zufriedenheit und Motivation der Mitarbeiter fördern

Als Führungskraft werden Sie in starkem Maße danach bewertet, welche überprüfbaren Ergebnisse Sie in Ihrem Verantwortungsbereich erzielen. Ihre vorrangige Aufgabe besteht darin, gemeinsam mit Ihrem Team zum Erreichen der übergeordneten Unternehmensziele beizutragen. Daneben treten weiche Faktoren wie die Mitarbeiterzufriedenheit und -motivation scheinbar zurück.

Bei genauerer Betrachtung werden Sie aber nur erfolgreich sein, wenn Sie mit Ihrem Team überhaupt die Voraussetzungen dafür schaffen, dass messbare Leistungen entstehen. Sind Ihre Mitarbeiter unzufrieden und demotiviert, wird allenfalls suboptimal gearbeitet. Sie müssen bei fehlender Identifikation mit den Tätigkeitsinhalten oder anhaltender Unzufriedenheit mit den Arbeitsbedingungen sogar mit Fehlzeiten, Fluktuation oder innerer Kündigung rechnen. Selbst loyale Mitarbeiter werden nur mit halber Kraft bei der Sache sein, wenn der Eindruck entsteht, dass Sie sich nicht für das Wohlbefinden Ihrer Mitarbeiter interessieren.

Wenn Sie es genau betrachten, sind Sie als Führungskraft nur das, was Ihr Team aus Ihnen macht. Als Spezialist können Sie sich über Ihre fachlichen Fähigkeiten profilieren. Aber als Führungskraft sind Sie darauf angewiesen, dass Ihre Mitarbeiter sich von Ihnen gut geführt fühlen. Zwar gibt es selbst in einem erfolgreichen Team gelegentliche Spannungen, schwierige Phasen oder da und dort eine Missstimmung. Dies darf jedoch nicht zum Dauerzustand werden. Wenn Reibereien und Konflikte überhandnehmen und die Mitarbeiter nicht mehr gerne zur Arbeit kommen, werden Sie Ihr Schiff nicht lange auf Kurs halten können.

Nutzen Sie deshalb die Chance, durch ein vorbildliches und einfühlsames Führungsverhalten die Voraussetzungen dafür zu schaffen, dass Mitarbeitermotivation überhaupt erst entsteht. Kümmern Sie sich vorrangig darum, wenn Ihre Mitarbeiter ein persönliches Anliegen vortragen oder Ihre Unterstützung in heiklen Situationen benötigen. Zeigen Sie Ihre Gesprächsbereitschaft, falls der Gedankenaustausch mit Ihnen gesucht wird. Gehen Sie auch von Ihrer Seite aus spontan auf Ihre Mitarbeiter zu. Treten Sie nicht erst in Erscheinung, wenn es bereits brennt. Machen Sie sich Gedanken darüber, wie trotz stressiger Arbeitsabläufe der Zusammenhalt untereinander gefördert wird und Spaß an der Arbeit entsteht.

Verstehen Sie Führen nicht als „technische Angelegenheit", bei der nur Ziele vorgegeben, Abläufe geplant, Aufgaben delegiert oder Ergebnisse kontrolliert werden. Verlieren Sie die Menschen in Ihrem Verantwortungsbereich nicht aus dem Blick. Nutzen Sie darüber hinaus die Gelegenheit, durch Besprechungen im Team zu eruieren, wie eine brenzlige Situation bewältigt werden kann. Beachten Sie dabei aber Grenzen der Vertraulichkeit: Besprechen Sie ein Thema nur dann im gesamten Team, wenn alle betroffen sind.

Herrscht jedoch in Ihrem Team ein angespanntes Klima, haben sich Rivalitäten ausgebreitet und schaut der eine den anderen argwöhnisch an, fällt dies letztlich auf Sie als Führungskraft zurück. Fördern Sie eine gemeinschaftsorientierte Haltung, bei dem Sie zwar gute Leistungen von Einzelnen würdigen, aber gleichzeitig deutlich machen, dass vor allem der Teamerfolg im Mittelpunkt steht.

Empfehlungen

- Erarbeiten Sie mit allen Mitarbeitern ein gemeinsam getragenes Teamverständnis: Was ist unser Auftrag? Was wollen wir bewirken? Welche Ziele verfolgen wir? Versuchen Sie dabei herauszuarbeiten, dass nur durch eine positive Teamatmosphäre und kundenorientiertes Denken aller Teammitglieder ehrgeizige Ziele tatsächlich erreicht werden können.
- Denken Sie regelmäßig mit Ihren Mitarbeitern darüber nach, wie die Zufriedenheit jedes Einzelnen und der Zusammenhalt untereinander weiter gefördert werden können. Nutzen Sie hierzu sowohl vertrauliche Einzel- als auch Gruppengespräche.
- Behandeln Sie Ihre Mitarbeiter im Team nach gleichen Maßstäben. Bemühen Sie sich um Gerechtigkeit. Vermeiden Sie einseitige Bevorzugungen. Halten Sie sich an

gemachte Versprechungen. Nehmen Sie nötigen Klärungen zügig vor.

- Seien Sie vorsichtig mit finanziellen Motivationsanreizen. Oftmals fördern materielle Belohnungen nicht die Motivation von innen oder sie wirken nicht anhaltend im gewünschten Sinne. Wenn Sie Mitarbeitern besondere Geldzahlungen für bestimmte Leistungen in Aussicht stellen, fördert dies eher eine extrinsische Motivation: Die Mitarbeiter üben die Tätigkeit vorrangig deshalb aus, weil sie sich finanzielle Vorteile versprechen. Die Anreizwirkung verpufft auch meist wieder rasch. Setzen Sie darauf, Ihre Mitarbeiter nach einheitlichen Maßstäben fair zu behandeln. Dazu gehören auch angemessene finanzielle Gratifikationen für gezeigte Leistungen. Versuchen Sie aber, die Eigenmotivation vorrangig über den Sinngehalt der Tätigkeit und deren Stellenwert für das Unternehmen zu stärken.

Mögliche Barrieren und Widerstände

Es kann der Fall auftreten, dass ein Mitarbeiter trotz Ihres fortgesetzten Bemühens, auf ihn einzugehen, unzufrieden wirkt. In diesem Fall ist es ratsam, ein intensiveres Gespräch mit ihm zu suchen: Was genau sind die Gründe dafür, dass er sich nicht wohlfühlt oder dass ihm die Arbeit keine Freude mehr bereitet? In einer solchen Situation beschreiben Sie ihm am besten einfühlsam in einer vertraulichen Gesprächsatmosphäre, was Ihnen auffällt. Signalisieren Sie ihm, dass Sie ihn gerne unterstützen möchten. Vermeiden Sie es, Druck auszuüben. Verdeutlichen Sie Ihre Gesprächsbereitschaft, lassen Sie aber Ihren Mitarbeiter entscheiden, in welchem Maße er sich Ihnen gegenüber öffnet.

Ihr Mitarbeiter sollte von sich aus den Weg zu Ihnen finden. Dies setzt viel Vertrauen voraus. Erzwingen können Sie dies aber nicht. Falls Sie Grenzen nicht beachten, bewirken Sie womöglich das Gegenteil von dem, was Sie erreichen wollen. Vielleicht gibt es tiefer liegende Gründe für sein Verhalten, die Ihnen derzeit nicht bekannt sind. Denken Sie beispielsweise an außerberufliche Belastungen im familiären Umfeld oder private Nöte, die Ihr Mitarbeiter Ihnen nicht ohne Weiteres preisgeben möchte, falls er für sich Nachteile befürchtet. Beweisen Sie einen langen Atem. Setzen Sie das Gespräch gegebenenfalls zunächst aus und greifen Sie ein paar Tage später den Faden wieder auf. Warten Sie auch ab, ob Ihr Mitarbeiter eventuell von sich aus auf Sie zukommt.

Es kann angemessen sein, ein persönliches Gespräch außerhalb der unmittelbaren Arbeitsumgebung anzubieten oder einen Dritten als Vertrauensperson einzubeziehen, um das Eis zu brechen. Dies sollte jedoch nicht über den Kopf des Betroffenen hinweg geschehen. Respektieren Sie, dass Ihr Mitarbeiter für sich selbst verantwortlich ist.

Beispiel aus der Praxis

Gründe für Unzufriedenheit eruieren

Als Leiter Marketing möchten Sie Ihre Mitarbeiter dafür gewinnen, gemeinsam eine anstehende Messe vorzubereiten und zu begleiten. Für einzelne Mitarbeiter bedeutet dies, eine längere Dienstreise auf sich zu nehmen und meh-

rere Tage im Hotel zu übernachten. Einige Mitarbeiter sprechen Sie daraufhin an, um Ihnen mitzuteilen, dass sie die Situation auf den Messen derzeit als unbefriedigend empfinden. Sie nehmen sich vor, dem nachzugehen, da Sie die Gründe für die Unzufriedenheit klären wollen.

Sie greifen dieses Thema nun als Besprechungspunkt in der nächsten Teamsitzung auf. Zu Beginn der Sitzung erläutern Sie die Ziele der anstehenden Messe und unterstreichen zugleich den hohen Stellenwert der Messepräsenz für Ihr Unternehmen. Danach bitten Sie Ihre Mitarbeiter, offene Fragen, eigene Gedanken oder Klärungswünsche hierzu anzusprechen.

Mehrere Mitarbeiter äußern sich daraufhin spontan. Der Tenor ist einheitlich: Es wird nicht an sich bemängelt, dass die Messe durch das Marketing-Team zu begleiten ist. Die Kritik entzündet sich vielmehr daran, dass bereits mehrere Messen in diesem Geschäftsjahr betreut wurden und das Gesamtaufkommen als zu hoch eingeschätzt wird.

In den nächsten Tagen führen Sie ein Gespräch mit Ihrem Vorgesetzten, um sich mit ihm über die Situation zu beraten. Sie erläutern ihm die geäußerte Unzufriedenheit über die derzeit hohe Arbeitsbelastung. Ergänzend stellen Sie ihm die Frage, ob es Möglichkeiten gibt, durch ein Sonderbudget, Aushilfen oder eine veränderte Messeplanung für eine Entschärfung der angespannten Situation zu sorgen. Ihr Vorgesetzter macht Ihnen jedoch deutlich, dass er derzeit keinen Spielraum für die Vergabe eines Sonderbudgets oder für zusätzliche Planstellen erkennt.

In der nächsten Teambesprechung erläutern Sie Ihren Mitarbeitern, dass Sie nach Rücksprache mit Ihrem Vorgesetzten keine zusätzlichen Mittel zur Verfügung stellen können. Sie erläutern auch dessen Sichtweise, die Sie erkennbar inhaltlich mittragen. Folgende Schritte werden jedoch mit Ihrem Team abgestimmt:

- Priorisierung künftiger Messeaufenthalte nach dem jeweiligen Stellenwert und Konzentration umfangreicher Vorbereitungsaktivitäten auf die wichtigsten Messen
- engere Absprache mit den Vertriebsbereichen, um die Aufgabenteilung vor Ort zu optimieren
- veränderte interne Vertretungsregelung und Vereinbarung von Tandem-Besuchen bei Schlüsselmessen, um Einzelne wirksam zu entlasten
- Standardisierung des Messe-Supports im Marketing-Team, um den Vorbereitungsaufwand für ähnlich gelagerte Messeauftritte zu reduzieren
- Verkürzung der Messepräsenz am letzten Messetag (sofern in Einzelfällen möglich), um mehr Freiräume für die Nachbereitung zu gewinnen

Sie bitten Ihr Team um Verständnis, dass Sie weitergehende Vorschläge derzeit nicht umsetzen können. Sie erklären sich dazu bereit, durch ergänzende Coaching-Gespräche mit den einzelnen Messeteams von Ihrer Seite zu einer besseren Gesamtkoordination beizutragen. Außerdem nehmen Sie sich vor, öfter selbst auf Schlüsselmessen an ein bis zwei Tagen vor Ort anwesend zu sein, um Ihre Mitarbeiter bei Bedarf zu unterstützen. Sie signalisieren, dass Sie alles daran setzen werden, um baldmöglichst eine Entlastung herbeizuführen.

Auf den Punkt gebracht

Lassen Sie erkennen, dass Ihnen die Zufriedenheit Ihrer Mitarbeiter am Herzen liegt. Selbst wenn gelegentlich starke Beanspruchungen im Tagesgeschäft nicht zu vermeiden sind, sollten sich Ihre Mitarbeiter wohlfühlen und eine positive Einstellung zu den Arbeitsaufgaben entwickeln. Ihre Kunden spüren es sofort, wenn Sie von engagierten Mitarbeitern freundlich und zuvorkommend behandelt werden. Nutzen Sie Mitarbeitergespräche, um die Arbeitszufriedenheit zu hinterfragen.

20. Persönliche Reife als Führungskraft ausbauen

Damit Sie sich als Führungskraft behaupten können, benötigen Sie nicht nur geeignete Führungsinstrumente, um Ihr Team zum Erfolg zu führen. Sie dürfen dabei auch sich selbst nicht vernachlässigen: Nur wer sich selbst führen kann, kann auch andere gut führen!

Wenn Sie sich in herausfordernden beruflichen Situationen verausgaben, innere Warnsignale nicht beachten und nur einseitig hochgesteckte Ziele am Arbeitsplatz verfolgen, kann Ihre Ausgeglichenheit rasch ins Wanken geraten. Konzentrieren Sie sich deshalb darauf, sich trotz hoher Beanspruchung genügend Freiräume zur eigenen Standortbestimmung und persönlichen Stabilisierung zu bewahren. Dies setzt hohe Achtsamkeit, innere Stetigkeit und eine bewusste Lebensführung voraus.

Als Leitungsverantwortlicher benötigen Sie einen gewissen Abstand von der Hektik des Tagesgeschäftes, um sich auf das Wesentliche zu konzentrieren. Sie dürfen sich nicht fremdsteuern lassen oder Ihren Tagesablauf ausschließlich nach Ihrem Terminkalender ausrichten. Vor allem in turbulenten Phasen kommt es darauf an, dass Sie sich genügend Zeit nehmen, um die Lage in Ruhe zu analysieren und vorausschauend zu agieren: Wie setzen Sie die richtigen Schwerpunkte für sich und Ihr Team? Worauf konzentrieren Sie sich zuerst? Was kann zurückgestellt oder besser von anderen bearbeitet werden?

Eine wichtige Anforderung in Ihrer Führungsrolle besteht darin, dass Sie sich auf die Kernaufgaben in Ihrer Leitungsverantwortung konzentrieren und auch einmal Nein sagen. Dies bedeutet nicht, schroff und abweisend zu reagieren. Aber es ist Ihren Gesprächspartnern durchaus zuzumuten, dass Sie zunächst prüfen, ob nicht ein anderer das jeweilige Problem viel besser lösen kann. Sie sind keineswegs der oberste Sachbearbeiter Ihrer Abteilung, der auf jede Frage eine Antwort parat haben muss.

Achten Sie auf Ihre eigene Work-Life-Balance, d. h. eine harmonische Gestaltung von Berufs- und Privatleben. Bedenken Sie, dass Ihr Leben nicht an der Firmenpforte endet. Sorgen Sie vor allem für den nötigen Ausgleich in Ihrer Freizeit. Sie benötigen ein hohes Maß an psychophysischer Fitness, um den harten Anforderungen im Führungsjob anhaltend gewachsen zu sein. Achten Sie auf ein Mindestmaß an Bewegung, eine ausgewogene Ernährung, genügend Schlaf, erfüllende soziale Kontakte und ein stabiles Netzwerk außerhalb Ihres Arbeitsplatzes. Finden Sie

Ihren persönlichen Weg, um für den inneren Ausgleich zu sorgen, der Ihnen guttut.

> Muten Sie sich aber auch in der Freizeit nicht zu viel zu! Übertragen Sie das Leistungsprinzip nicht unnötig in Ihr Privatleben. Behalten Sie Ihre persönlichen Grenzen im Blick. Treten Sie lieber für eine gewisse Zeit etwas kürzer, um neue Energien zu tanken.

Empfehlungen

- Erarbeiten Sie sich einen Zielkatalog, was Sie tun möchten, um Ihre persönliche Ausgeglichenheit weiter zu fördern. Nehmen Sie sich hierzu einige Aktivitäten vor, die Sie im nächsten halben Jahr angehen werden. Denken Sie dabei sowohl an Initiativen in Ihrem Arbeitsumfeld als auch in Ihrem Privatleben.
- Überdenken Sie, wie Sie Ihre künftige Weiterbildung als Führungskraft gestalten möchten. Setzen Sie Schwerpunkte in Bereichen, die nicht nur im jeweiligen Fachgebiet ansetzen.
- Bitten Sie Vertrauenspersonen um ein persönliches Feedback. Wie werden Sie von Dritten erlebt? Welche Anregungen gibt man Ihnen mit auf den Weg? Was können Sie bei sich selbst noch verbessern? Denken Sie in Ruhe darüber nach.
- Was waren berufliche Erfolge, die Sie in den letzten Monaten erzielt haben? Wie kam es dazu und welche Gründe waren dafür maßgebend? Welche Rolle spielten

dabei Ihre eigenen Fähigkeiten, Ihre Führungskompetenz, Ihre Einsatzbereitschaft und Ihr Beharrungsvermögen? Wie lassen sich Ihre persönlichen Erfolgsfaktoren weiter fördern und ausbauen?

- Was können Sie aus Rückschlägen und Misserfolgen lernen? Was lief nicht nach Plan und warum? Gibt es Ansatzpunkte, um aus Fehlern neue Erkenntnisse zu gewinnen und es künftig besser zu machen? Welche Rückmeldungen haben Sie hierzu erhalten? Wie gehen Sie mit Widerständen und Barrieren um?
- Wer kann Sie in Ihrer persönlichen Weiterentwicklung als Führungskraft wirksam begleiten und unterstützen? Gibt es Vertrauenspersonen, Freunde oder Kollegen, die Sie um Rat bitten können, wenn Sie selbst Unterstützung benötigen? Haben Sie einen verständigen Ansprechpartner, dem Sie sich anvertrauen können und der Sie beispielsweise als „Sparringspartner" coacht?
- Wie lautet Ihre persönliche Zukunftsvision? Welche Vorstellungen haben Sie von Ihrer künftigen beruflichen Entwicklung? Gibt es einen Traum, den Sie sich erfüllen möchten? Was können Sie tun, um ihn zu verwirklichen oder zumindest einen Teil davon Realität werden zu lassen?

Mögliche Barrieren und Widerstände

Es mag Situationen geben, in denen Sie unter dem hohen Druck der gestellten Anforderungen an Ihre persönlichen Grenzen stoßen. Wenn Sie wahrnehmen, dass Ihre Ressourcen nicht mehr ausreichen, um den Anforderungen gerecht zu werden, kann sich ein innerer Erschöpfungszustand entwickeln. Wenn Sie eine solche Situation nicht ernst nehmen und die ersten Anzeichen ignorieren, können sich bei anhaltend hoher Beanspruchung gesundheitliche Probleme und ein Burn-out einstellen. Lassen Sie es erst gar nicht so weit kommen.

Nutzen Sie Ihre Möglichkeiten zum vorbeugenden Selbstschutz. Hierzu folgen einige Vorschläge:

- Suchen Sie das vertrauliche Gespräch mit Ihrem eigenen Vorgesetzten. Besprechen Sie mit ihm Ihre Wahrnehmungen und Eindrücke ausgehend von den aktuellen Anforderungen in Ihrem Arbeitsumfeld. Erörtern Sie mit ihm geeignete Lösungsansätze, um Sie wirksam zu entlasten.
- Denken Sie darüber nach, wie sich der Zuschnitt Ihrer Aufgaben, Entscheidungsbefugnisse und Verantwortlichkeiten darstellt. Verfügen Sie über angemessene Gestaltungsspielräume? Entsprechen Ihre fachlichen und persönlichen Kompetenzen den gestellten Anforderungen?
- Welche Rückmeldungen erhalten Sie von Ihrem Team? Haben Sie den Eindruck, dass Ihre Mitarbeiter sich von Ihnen gut geführt fühlen?
- Wie stellt sich die Zusammenarbeit mit Kolleginnen und Kollegen auf der Führungsebene dar? Haben Sie den Eindruck, dass im Wesentlichen einvernehmlich gearbeitet und an einem Strang gezogen wird? Bemühen Sie sich von Ihrer Seite um eine Entschärfung der Lage, falls Sie sich Rivalitäten ausgesetzt fühlen.

- Achten Sie in besonderem Maße auf die Balance zwischen Ihrem Berufs- und Ihrem Privatleben. Gönnen Sie sich von Zeit zu Zeit Abstand und Erholung.

Beispiel aus der Praxis

Weiterentwicklung als Führungskraft

Sie führen als Leiter IT in Ihrem mittelständischen Unternehmen eine eigene Abteilung mit mehreren IT- und Servicespezialisten. Häufig sind Sie an internationalen Standorten tätig, um beispielsweise Gespräche mit Kunden, Anwendern und Zulieferern zu führen. Bedingt durch die häufige Reisetätigkeit sind Sie darauf angewiesen, dass Ihre Mitarbeiter anfallende Problemstellungen weitgehend selbstständig lösen. Den engen Kontakt zu Ihrem Team halten Sie jedoch auch über große Distanzen kontinuierlich mit modernen Kommunikationsmitteln aufrecht.

Sie verfügen über hochqualifizierte und eigenverantwortlich tätige Mitarbeiter. Die Teamarbeit erfolgt in hohem Maße selbstgesteuert ohne Ihre direkte Einflussnahme im operativen Tagesgeschäft. Sie haben ein System von regelmäßigen Besprechungen installiert, mit denen es Ihnen gelingt, alle Teammitglieder kontinuierlich zu informieren und in anstehende Entscheidungen einzubeziehen. Insgesamt haben Sie den Eindruck, dass die anstehenden Aufgaben erfolgreich gelöst werden und Sie Ihre Ziele gemeinsam mit Ihrem Team in den letzten Jahren nahezu vollständig erreicht haben.

Aufgrund einer Kapazitätserweiterung Ihres Hauses gewinnt Ihr eigener Bereich zunehmend an strategischem

Stellenwert. Dies könnte auch bedeuten, dass Ihnen in den nächsten Jahren eine erweiterte Verantwortung übertragen wird. Später eine Position auf der Ebene der Bereichsleitung zu übernehmen, scheint Ihnen durchaus attraktiv. Zurzeit fühlen Sie sich hierfür aber noch nicht genügend gewappnet. Deshalb planen Sie nach Rücksprache mit Ihren Vorgesetzten einige vorbereitende Schritte in den nächsten beiden Jahren:

- Teilnahme am General-Management-Programm einer internationalen Akademie, das Ihnen Ihr Arbeitgeber als Qualifizierungsmaßnahme angeboten hat
- Teilnahme an einem Outdoor-Führungstraining, bei dem vor allem erlebnispädagogische Elemente zum Teambuilding im Mittelpunkt stehen
- Aufbau eines internen Stellvertreters, der Sie in Ihrer eigenen Leitungsfunktion stärker entlasten kann, z. B. in Vertretungssituationen bei längerer Abwesenheit
- Coaching bei einem erfahrenen Trainer, um in mehreren Sitzungen an eigenen Themen zu arbeiten, die Sie in Ihrer Weiterentwicklung als Führungskraft beschäftigen, z. B. Umgang mit Konflikten, eigenes Rollenverständnis, Fördern von selbstgesteuerter Teamarbeit, persönliches Feedback und Steigern der eigenen Belastbarkeit
- Mitwirkung im Change-Steering-Network Ihres Unternehmens als Change-Agent und Prozessmanager im bereichsübergreifenden Innovationsteam
- persönliches Fitnessprogramm mit regelmäßigem Schwimmen, Radfahren, Joggen oder Wandern und Ausdauertraining im Studio, Erlernen von Yoga und Ent-

spannungstechniken (Steigerung von Gelassenheit, Stresstoleranz und innerer Achtsamkeit)

Sie haben es sich zum Ziel gesetzt, in Ihrer verantwortlichen Rolle als Abteilungsleiter weiterhin einen guten Job zu machen und gleichzeitig an Ihrer persönlichen Weiterentwicklung zu arbeiten.

Auf den Punkt gebracht

Zur souveränen Führungskraft werden Sie nicht von heute auf morgen. Gehen Sie davon aus, dass nicht alles nach Plan läuft und dass Sie Rückschläge zu verarbeiten haben. Bedenken Sie, dass Sie mit unterschiedlichen Erwartungen von Vorgesetzten, Mitarbeitern oder Kunden konfrontiert werden. Überdenken Sie von Zeit zu Zeit Ihre Rolle, Ihren Auftrag und Ihr Führungsverständnis.

Literaturempfehlungen

Achouri, C.: Wenn Sie wollen, nennen Sie es Führung. Systemisches Management im 21. Jahrhundert. Offenbach: Gabal, 2011.

Albs, N.: Wie man Mitarbeiter motiviert. Hamburg: Cornelsen, 2005.

Bill, G.: Sieben Prinzipien gelassener Führung. Weinheim: Wiley VCH, 2010.

Brandt, J. & Oehmke, K.: Führen auf Augenhöhe. Kollegen und Teams motivieren und leiten. Hamburg: Cornelsen, 2010.

Christiani, A. & Scheelen, F. M.: Stärken stärken. Talente entdecken, entwickeln und einsetzen. München: Redline Wirtschaft, 2008.

Conen, H.: Sei gut zu dir. Vom besseren Umgang mit sich selbst. Frankfurt/M.: Campus, 2007.

Doppler, K.: Der Change-Manager. Frankfurt/M.: Campus, 2011.

Douma, E.: Mitarbeiterführung: Crashkurs. Hamburg: Cornelsen, 2010.

Eberspächer, H.: Ressource Ich – Stressmanagement in Beruf und Alltag. München: Hanser, 2009.

Edmüller, A. & Jiranek, H.: Konfliktmanagement, Freiburg: Haufe Lexware, 2010.

Fehlau, E.G.: Konflikte im Beruf: Erkennen, lösen, vorbeugen. Freiburg: Haufe, 2006.

Fischer, J. & Nöllke, M. (Hrsg.): Management. Was Führungskräfte wissen müssen. 4. Aufl. Freiburg: Haufe, 2010.

Fisher, R.; Küstenmacher, W. T.; Seiwert, L., Kunz, G. C. u. a.: Campus. Das große Karrierehandbuch. Frankfurt/M.: Campus, 2008.

Gawrich, R. & Topf, C.: Das Führungsbuch für erfolgreiche Frauen. München: Redline, 2012.

Glaubitz, U.: Der Job, der zu mir passt. Frankfurt/M.: Campus, 2009.

Gremmers, U.: Neu als Führungskraft. So werden Sie ein guter Vorgesetzter. 2. Aufl. Hannover: Humboldt, 2010.

Gross, St.: Die Kunst der Leichtigkeit. Die 15 wichtigsten Lebenskunst-Strategien für mehr Erfolg und Lebensqualität. München: Redline Wirtschaft, 2008.

Groth, A.: Führungsstark in alle Richtungen: 360-Grad-Leadership für das mittlere Management. Frankfurt/M.: Campus, 2010.

Haller, R.: Checkbuch für Führungskräfte. Freiburg: Haufe Lexware, 2012.

Hemel, U.: Wert und Werte. Ethik für Manger. München: Hanser, 2007.

Hering, R.: Leadership statt Management. Führung durch Motivation. Bern: Haupt, 2010.

Herndl, K.: Führen im Vertrieb. So unterstützen Sie Ihre Mitarbeiter direkt und konsequent. Wiesbaden: Gabler, 2005.

Heuberger, A.: Networking – Durch interessante Kontakte zum Erfolg. Hamburg: Cornelsen, 2007.

Hockling, S. & Findeisen, J.: Das professionelle 1×1: Burnout – Wege aus der Krise. München: Cornelsen, 2008.

Hofbauer, H. & Kauer, A.: Einstieg in die Führungsrolle. Praxisbuch für die ersten 100 Tage. 3. Aufl. München: Hanser, 2011.

Hofmann, L. M.; Linneweh, K. & Streich, R. K.: Erfolgsfaktor Persönlichkeit. München: C.H. Beck im dtv, 2005.

Klein, S.: Rein in die Führung. Top-Manager erläutern ihre Erfolgsstrategien. Offenbach: Gabal, 2010.

Kratz, H.-J.: Stolpersteine in der Mitarbeiterführung: So werden Sie vom Erfolgsbremser zum Erfolgssteigerer. Regensburg: Walhalla, 2009.

Kratz, H.-J.: Chef-Checkliste Mitarbeiterführung. Die 100 wichtigsten Regeln. 9. Aufl. Regensburg: Walhalla, 2012.

Kunz, G.: Mitarbeitergespräche – Wie Führungskräfte den konstruktiven Dialog gestalten. München: Luchterhand/ Wolters-Kluwer Deutschland, 2009.

Kunz, G.: Vom Mitarbeiter zur Führungskraft – Die erste Führungsaufgabe erfolgreich übernehmen. München: C.H. Beck im dtv, 2007.

Kunz. G.: Neu in der Führungsrolle. So behaupten Sie sich und setzen gezielt Akzente. München: C.H. Beck im dtv, 2012.

Löhken, S.: Leise Menschen – starke Wirkung. Wie Sie Präsenz zeigen und Gehör finden. Offenbach: Gabal, 2012.

Lutz, A.: Praxisbuch Networking. Wien: Linde, 2009.

Malik, F.: Führen – Leisten – Leben. Wirksames Management für eine neue Zeit. Stuttgart: DVA, 2000.

Manktelow, J.: Stress managen. Offenbach: Gabal, 2009.

Meier, J.: Erfolgreiche Führungsgespräche – Gesprächstechniken für Führungskräfte. Offenbach: Gabal, 2004.

Meifert, M. T. (Hrsg.): Management Coaching. Freiburg: Haufe, 2012.

Meifert, M. T. (Hrsg.): Führen. Die erfolgreichsten Instrumente und Techniken. Freiburg: Haufe, 2011.

Mentzel, W.: Personalentwicklung. Wie Sie Ihre Mitarbeiter erfolgreich fördern und weiterbilden. München: C.H. Beck im dtv, 2008.

Niermeyer, R. & Seyffert, M.: Motivation. 3. Aufl. Freiburg: Haufe, 2006.

Nöllke, M.: In den Gärten des Managements: Für eine bessere Führungskultur. Freiburg: Haufe, 2011.

Oppermann-Weber, U.: Praxis der Mitarbeiterführung. Mannheim: Cornelsen Scriptor, 2011.

Schmidt, R.: Selbstmanagement. Crashkurs. Hamburg: Cornelsen, 2010.

Schröder, J. P. & Blank, R.: Stressmanagement. Stress-Situationen erkennen – erfolgreiche Maßnahmen einleiten. Hamburg: Cornelsen, 2004.

Schulz, R.: Toolbox zur Konfliktlösung. Konflikte schnell erkennen und erfolgreich bewältigen. Freising/München: Stark-Verlag, 2012.

Schwanfelder, W.: Der glückliche Manager. Warum Glück Ihren Erfolg potenziert. München: Ariston, 2011.

Sprenger, R. K.: Das Prinzip Selbstverantwortung. 12. Aufl. Frankfurt/M.: Campus, 2007.

Ullmann, E. & Kresse, A.: Das professionelle 1×1: Humor im Business – Gewinnen mit Witz und Esprit. Hamburg: Cornelsen, 2008.

Walter, H. & Cornelsen, C.: Handbuch Führung. Der Werkzeugkasten für Vorgesetzte. Frankfurt/M.: Campus, 2005.

White, D. & von Knauer, M.: Miese Chefs. München: Ariston, 2011.

Witt-Bartsch, A. & Becker, T.: Coaching im Unternehmen. Freiburg: Haufe Lexware, 2010.

Stichwortverzeichnis

Die zehn besten Tipps für Führungskräfte

1. Richten Sie Ihr Führungsverhalten auf die Unternehmenskultur und die Ziele in Ihrem Verantwortungsbereich aus.
2. Fördern Sie einen direkten und offenen Informationsaustausch.
3. Investieren Sie in das zwischenmenschliche Vertrauensverhältnis.
4. Motivieren Sie Ihre Mitarbeiter durch das Übertragen attraktiver Aufgaben und durch einfühlsame Unterstützung bei der eigenständigen Zielverfolgung.
5. Sehen Sie Ihre Verantwortung als Führungskraft darin, klare und nachvollziehbare Entscheidungen zu treffen.
6. Räumen Sie dem Dialog mit Ihren Mitarbeitern eine hohe Priorität ein.
7. Verstehen Sie sich als Begleiter Ihrer Mitarbeiter, um deren Weiterentwicklung zu fördern.
8. Fördern Sie eine offene Meinungsbildung, bei der divergierende Positionen herausgearbeitet und gemeinsam bewertet werden.
9. Geben Sie Ihren Mitarbeitern regelmäßig und zeitnah Feedback.
10. Sorgen Sie dafür, dass sich Ihre Mitarbeiter wohlfühlen und eine positive Einstellung zu den Arbeitsaufgaben entwickeln.

Der Autor

Gunnar C. Kunz, Diplompsychologe, ist selbstständiger Managementberater und Coach in Ginsheim-Gustavsburg. Er hat bereits zahlreiche Bücher zum Thema „Karriere- und Führungskräfteentwicklung" verfasst. In der Reihe Beck-Wirtschaftsberater im dtv sind von ihm die Bände „Neue Perspektiven im Job", „Vom Mitarbeiter zur Führungskraft" und „Neu in der Führungsrolle" erschienen.

Impressum:

Verlag C. H. Beck im Internet: www.beck.de
ISBN: 978-3-406-66212-6

Wilhelmstraße 9, 80801 München

Lektorat und DTP: Text + Design Jutta Cram, 86157 Augsburg, www.textplusdesign.de
Umschlaggestaltung: Ralph Zimmermann – Bureau Parapluie
Umschlagbild: © Estate of Stephen Laurence Strathdee – istockphoto.com
Druck und Bindung: Beltz Bad Langensalza GmbH, Neustädter Straße 1–4, 99947 Bad Langensalza

Gedruckt auf säurefreiem, alterungsbeständigem Papier (hergestellt aus chlorfrei gebleichtem Zellstoff)